·中小学生科学阅读文库·

缓慢漂移的大陆

《中小学生科学阅读文库》编写组　组编

南京师范大学出版社
NANJING NORMAL UNIVERSITY PRESS

图书在版编目（CIP）数据

缓慢漂移的大陆 / 《中小学生科学阅读文库》编写组组编. — 南京 : 南京师范大学出版社，2012.6
（中小学生科学阅读文库）
ISBN 978-7-5651-0256-1

Ⅰ. ①缓… Ⅱ. ①中… Ⅲ. ①大陆漂移－青年读物②大陆漂移－少年读物 Ⅳ. P541-49

中国版本图书馆CIP数据核字(2012)第079120号

书　　名　缓慢漂移的大陆
组　　编　《中小学生科学阅读文库》编写组
责任编辑　王　娟　王书贞
出版发行　南京师范大学出版社
地　　址　江苏省南京市宁海路122号(邮编:210097)
电　　话　(025)83598412　83598297　83598059(传真)
网　　址　http://press.njnu.edu.cn
电子信箱　nspzbb@163.com
照　　排　南京凯建图文制作有限公司
印　　刷　兴化印刷有限责任公司
开　　本　787毫米×960毫米　1/16
印　　张　6.25
字　　数　75千
版　　次　2012年6月第1版　2014年12月第3次印刷
书　　号　ISBN 978-7-5651-0256-1
定　　价　12.50元

出 版 人　彭志斌

序 Preface

科学是什么？

就科学的外延来看，有自然科学、社会科学和人文科学三大门类。这是广义上的科学，我们这里讲狭义上的科学，指自然科学。自然科学主要是以求取自然世界的“本真”为目的的。由此我们不难发现科学的价值在于“求真”——使我们尽可能地认识最客观的世界，不仅是表面的世界，而且是内在联系着的，具有各种规律的世界。进而可以推演出科学的另一个 价值——改变和创造，人类可以根据正确的认识和内在的规律创造出先进的生产力。正是科学的发展，带来了日新月异的变化、翻天覆地的奇迹。千百年来，人们为科学的这种无与伦比的力量而震撼，为科学应用所创造的奇迹而惊讶，为隐身于世界内部的各种科学规律而吸引，为探究规律过程中的种种曲折而痴迷，为发现或者贴近规律而喜悦。

科学史研究之父萨顿在其所著《科学史和新人文主义》中文版序言中说：“（人们）大多数只是从科学的物质成就上去理解科学，而忽视了科学在精神方面的作用。科学对人类的功能绝不只是能为人类带来物质上的利益，那只是它的副产品。科学最宝贵的价值不是这些，而是科学的精神，是一种崭新的思想意识，是人类精神文明中最宝贵的一部分……”萨顿告诉我们科学不仅仅是科学知识本身，在某种程度上，科学更重要的价值是科学思想、科学方法和科学精神。中国科学院院长路甬祥概括了科学精神的内涵，包括“理性求知精神、实证求真精神、质疑批判精神、开拓创新精神”等四个方面。事实就是这样，人不是知识的容器，他不可能掌握所有的知识、认识所有的真理，然而科学思想、科学方法和科学精神却能引领一个人一步步接近真理，而且能够使他正确地运用科学，使科学为人类造福，而不是走向反面。

这些综合起来就是当下社会所倡导的人的科学素养。科学素养不仅关系到公民个体生存发展的方方面面，还关系到一个民族、一个国家的未来。人民日报曾经发表过一篇社论，社论说："公众素养是科技发展的土壤。离开了这个群众基础，即使我们能够实现'上天入地'，也很难持续不断地推动创新。"提高公众的科学素养是我们当下较为紧迫的任务，而教育应该是完成这一任务最为主要的途径。欣喜的是，我们的教育已经关注到了这一点。新修订的《义务教育初中科学课程标准》明确指出："具备基本的科学素养是现代社会合格公民的必要条件，是学生终身发展的必备基础。科学素养包含多方面的内容，一般指了解必要的科学技术知识，掌握基本的科学方法，树立科学思想，崇尚科学精神，并具备一定的应用它们处理实际问题、参与公共事务的能力。"应该说，这是对科学素养的一种立体诠释。

问题在于我们的学校科学素养教育应该如何开展？仅凭学校开设的自然和科学，甚或数理化等课程是不够的，即便这些课程已经尽力关注并安排了科学思想和科学精神的内容，但限于课时、限于课程结构体系，无法让学生在完成课业目标的同时从科学认知走进科学情意，也无法让学生在学习知识方法的同时加强科学价值观的培养，学生甚至难以体会到科学精神在日常生活中的应用，更不用说在社会生活中的应用了。南京师范大学出版社推出的《中小学生科学阅读文库》当是一个有益的尝试——让学生在阅读中享受科学的乐趣，在潜移默化中感悟科学思想，在不知不觉中培养科学精神，当然，也在赏图悦读中学到科学知识。从这套读本的编排可以看到策划者以及作者对人文、科学和教育的理解与热忱、投入与功力。我相信，有了这样的读物，这样的尝试，一定会给科普工作打开一扇新的窗口，对素质教育也是一件非常有益之事。

我深深相信，一定会有更多的科学工作者、教育工作者、出版工作者联起手来，投身到科学素养教育的事业中来。

是为序。

江苏省科学技术协会副主席　冯少东

目录

Contents

真理是严酷的，我喜欢这个严酷，它永不欺骗。

——泰戈尔

泰戈尔(Tagore，Rabindranath)，印度著名诗人、文学家、作家、哲学家，1913年获得诺贝尔文学奖。

1 指南针的故事

指南针是我国古代的四大发明之一。最早的指南针是在战国时出现的，叫司南。司南是用天然磁石雕琢而成的，样子像一把勺子，底部圆滑，可以在平滑的地盘中自由旋转。使用的时候，先把地盘平稳地放置，再把司南放在上面，轻轻一拨，司南就转动起来，等停下来的时候，勺头所指的方向就是北方，勺柄所指的方向就是南方。

中国古代的司南

到了宋代，人工磁化制造指南针的方法被发明，指南针制造技术跃上了新台阶。当时，人们将薄铁片剪成鱼形，放在炭火中加热，烧至通红，趁热取出铁片，使鱼尾对着南方，然后迅速把鱼尾浸入水中。这样，一个“指南鱼”就造成了。使用的时候，先将一只碗盛满水，利用水的表面张力使指南鱼浮在水面上，静止下来时，鱼头指向的便是北方，鱼尾指向的就是南方。

在使用的过程中，人们发现，把指南鱼做成针形更方便。沈括在《梦溪笔谈》中记载了制造这种指南针的方法：拿一根小钢针在磁石上反复摩擦，使其磁化。这种指南针使用时可以放在指甲背上或者是

现代指南针

碗口边沿上，当磁针达到平衡，静止下来的时候，指针所指的就是南北方向。

大约在12世纪末、13世纪初，指南针经由海路传入阿拉伯，又由阿拉伯人传到西方。欧洲人把指南针改造成我们现在所见的样子，更加适宜于航海的使用。明代后期，这种指南针又传回我国。

指南针的发现意义重大。尤其是在航海方面，在指南针没有发明以前，人们主要依据自己的经验以及靠太阳、月亮、星星等自然现象来辨别方向。很明显，靠这种方法人们只能在沿海岸线的近海地区活动，到茫茫的大洋深处进行航行只能是一个梦想。指南针被应用于航海后，人们才具备了全天候航行的能力，才真正走向宽广的海洋。指南针也因此被喻为“水手的眼睛”。

我国的四大发明：指南针、造纸术、印刷术、火药。你还知道哪些我国古代极具价值的发明呢？搜集资料，并用自己的语言写下来。

2 飞机的发明

人类自古以来就梦想着能像鸟一样在太空中飞翔。2 000多年前中国人发明的风筝，虽然不能把人带上太空，但它确实可以被称为飞机的鼻祖。

20世纪初美国有一对兄弟，他们在世界的飞机发展史上做出了重大的贡献，他们就是莱特兄弟。当时大多数人认为飞机依靠自身动力飞行完全不可能，而莱特兄弟却不相信这种结论，1900年至1902年，兄弟两人进行了1 000多次滑翔试飞，终于在1903年制造出了第一架依靠自身动力载人飞行的飞机——“飞行者”1号，并且试飞成功。他们因此于1909年获得美国国会荣誉奖。同年，他们创办了“莱特飞机公司”。这是人类在飞机发展的历史上取得的巨大成功。莱特兄弟初期的飞机使用的都是单台发动机，在飞行中，常常会出现发动机突然失灵的故障。这对飞行安全始终是个威胁。1911年，英国的肖特兄弟申请了多台发动机设计的专利。他们的双发动机系统，能使每一个飞行员不用担心因发动机失灵而使飞机下降。这在航空安全方面是一个重大的进展。

莱特兄弟发明的飞机

然而，飞机起飞需要滑跑，需要修建相应的跑道和机场，这就带来了诸多不便。于是，有人开始探索可以进行垂直起落的飞行器，通称直升机。1939年9月14日，世界上第一架实用型直升机诞生，它是美国工程师西科斯基研制成功的VS-300直升机。后来，人类相继发明了运输机、民航机、战斗机等各式各样的飞机。

飞机的发明，也使航空运输业得到了空前发展，许多为工业发展所需的原料拥有了新的来源和渠道，大大减轻了人们对当地自然资源的依赖程度。特别是超音速飞机诞生以后，空中运输更加兴旺。那些不宜长时间运输的牲畜和难以长期保存的美味食品，也可以乘坐飞机跨越五湖四海，让世界各地的人们共赏共享。

当然，飞机在军事上的应用也给人类带来了惨重灾难，对人类文明造成了毁灭性的破坏。和平利用飞机，才是人类发明飞机的初衷。

你知道吗？飞机的发明是从鸟类身上获得的启示噢。人类还有很多发明是模仿自然界的规律而产生的。

3 核能的发现和利用

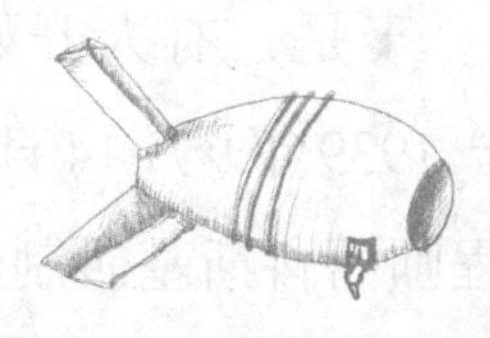

第二次世界大战末期，美国使用的绰号叫“小男孩”、“胖子”的两颗原子弹在日本广岛、长崎制造了人间灾难。1979年美国三里岛、1986年苏联切尔诺贝利、2011年日本福岛核电站事故的发生，更使人们提核色变。那么核能到底是什么？

从微观上讲，存在着一个肉眼看不见、难以捉摸的无限渺小的世界，今天人们能认识到的这个微小的世界只是原子世界，其中包括电子、质子、中子。原子核的直径很小，但却存在着巨大的吸引力——核力，科学家把这种使核子凝聚在一起的能量叫“结合能”，原子只有在受到外力作用时，才能释放出能量来。

日本福岛核电站

早在1898年，波兰科学家居里夫人在发现镭的同时，就发现了镭在蜕变时伴随着能量的释放。后来人们又发现用高速运动的带电粒子去轰击带正电的原子核，可以产生巨大的能量。科学家还发现，用中子去轰击铀核时，除产生两个裂变原子核并释放出能量之外，还会产生出两三个新的中子来，这两三个新中子又去轰击两三个铀核，再分裂出更多的“中子炮弹”来。这样按几何级数陡然增加的中子就可以在瞬间全部分裂，在这种链式反应过程中，失去的质量就转变为释放出的巨大能量，这就是核能。

核能的发现为人类的能源利用打开了大门，开辟了道路，使人类逐步认识并掌握了通过核裂变放出核能这种新型能源的科学技术。1942年，原子能在发展史上进入了一个新阶段，与此同时，第二次世界大战进入了白热化阶段，美国制订了研制原子弹的计划。1945年7月16日，世界上第一颗原子弹（代号“瘦子”）在新墨西哥州试爆成功。1945年8月6日美国在日本广岛和长崎投下了两颗原子弹，造成了可怕的灾难。

核能的和平利用，主要是在发电上。核能发电的原理，同普通火力发电一样，都是利用热产生蒸汽，再由蒸汽机带动发电机旋转，发出电来。要将核能转变成电能，关键在于核反应堆，它实际上就是使核裂变的链式反应可以持续进行并为人们控制的一种装置，也就是核发电厂的“原子锅炉”。1954年6月27日，莫斯科附近的奥布宁斯克原子能发电站投入运营，标志着人类和平利用核能时代的到来。

核能发电会有污染吗？除非发生核泄漏，核电站在日常工作中是非常环保的，无有害气体排放。

4 人类首次登月

1969年7月16日，载着3名航天员的阿波罗11号载人飞船，史无前例地启程飞往月球，开始执行人类首次对月球的冒险探测行动。经过长途跋涉，飞行约38万千米的距离，3天后的7月19日，阿波罗11号终于飞抵月球轨道。

人类首次登上月球

7月20日，人类的两位使者，航天员阿姆斯特朗及其同伴奥尔德林进入登月舱进行登月下降，另一名航天员科林斯则驾驶指挥舱继续绕月球轨道飞行，在进行科学考察的同时和登月舱的同事保持通信联系，一旦登月活动发生意外就负责救援。好在一切顺利，登月舱在月球的静海着陆。指令长阿姆斯特朗首先爬出舱门，站在5米高的小平台上，面对这陌生、荒凉和神秘的月球，举目四望片刻。不知他此时此刻怀着怎样的心情，他先伸出左脚，一步一步地爬下扶梯。

这时全世界数亿人围坐在电视机前观看了这一轰动全球的登月创举。只见阿姆斯特朗的左脚小心翼翼地首先触及月面，而右脚还停留在登月舱上。当他发现左脚陷入月面很少后，才鼓起勇气将右脚也踩上月面。就这样，阿姆斯特朗作为地球人类的使者，首先登上了月球表面。随后同伴奥尔德林也踏上了月球，为纪念这一伟大的有意义的探险行动，两位使者在月球上安放了一块金属纪念牌，上面刻着“1969年7月，地球人在月球首次着陆处，我们代表全人类平安地到达这里”。

他们在月面停留21小时18分钟，进行了一系列实地月球考察，然后带上采集的月球土壤和月岩标本，启程返航。他们扳动登月舱的控制器，炸开爆炸螺栓，使上升发动机点火，起飞升入太空，登月舱进入月球轨道，航天员从登月舱顶端的光学观察窗可以在对接时观察指挥舱，用于调节高度和方向的小型变轨发动机调节飞行轨道，使其逐渐接近指挥舱。然后通过仪器使登月舱对准指挥舱，以每秒7.6厘米的速度实施并完成对接。两位航天员带着月球样品及其他物件，费力地爬过连结通道，回到指挥舱和驾驶员会合，然后抛掉登月舱，使它撞击在月球上并进行一次月震试验。接着启动服务舱发动机，飞船获得每秒2.4千米的速度后，逸出月球轨道，正式进入返回地球的航程。7月25日，飞船安全降落在南太平洋上，从而完成了人类历史上的首次登月探险任务。

中国将在未来的十年中“开展以月球探测为主的深空探测的预先研究”，也就是开展空间站、空间实验室的研发和试验，实现登月是2020年的目标。

5 克隆技术——一把“双刃剑”

1997年2月27日，英国罗斯林研究所的科学家维尔穆特等人宣布用体细胞克隆绵羊获得成功，这在世界上引起巨大轰动。一时间，克隆绵羊“多利”成为动物界最耀眼的“明星”，其“咩咩”的叫声迅速响遍全球。

克隆羊“多利”

“克隆”是英文单词“Clone”的音译，其本身的含义是无性繁殖，即由同一个亲本细胞分裂繁殖而形成的纯细胞系，该细胞系中每个细胞的基因彼此相同。在自然界，有不少植物具有先天的克隆能力，如番薯、马铃薯、玫瑰等扦插繁殖的植物。

克隆绵羊“多利”没有父亲，却有三位母亲。整个克隆过程如下：

首先，科学家从一只产自芬兰的6岁成年多塞特母绵羊A（“多利”的亲生母亲）的乳腺中取出一个本身并没有繁殖能力的普通细胞，将其放入低浓度的营养培养液中，细胞逐渐停止了分裂，此细胞称之为供体细胞。

然后，科学家再取出另一只苏格兰黑面母绵羊B（“多利”的借卵母亲）的未受精的卵细胞，将这个卵细胞中的细胞核取出，留

下一个无核的卵细胞，此细胞称之为受体细胞。利用电脉冲的方法，使供体细胞和受体细胞发生融合，最后形成了融合细胞。由于电脉冲还可以产生一系列反应，从而使融合细胞也能像受精卵一样进行细胞分裂、分化，形成胚胎细胞。

最后，当胚胎生长到一定程度时，将它植入第三只苏格兰黑面母绵羊C（“多利”的代孕母亲）的子宫中，经过正常的妊娠产下“多利”。多利完全继承了其亲生母亲——多塞特母绵羊的外貌特征。

克隆绵羊的诞生，意味着人类可以利用哺乳动物的一个细胞大量生产出完全相同的生命体，完全打破了亘古不变的自然规律。这是生物工程技术发展史中的一个里程碑，也是人类历史上的一项重大科学突破。

动物克隆技术的重大突破，也带来了广泛的争议。克隆技术对人类来说是一把“双刃剑”。一方面，它能给人类带来许多益处——诸如保持优良品种、挽救濒危动物、利用克隆动物相同的基因背景进行生物医学研究等；另一方面，它将对生物的多样性提出挑战——生物多样性是自然进化的结果，有性繁殖是形成生物多样性的重要基础，而“克隆动物”则会导致生物品系减少，个体生存能力下降。

更让人不寒而栗的是，克隆技术一旦被滥用于克隆人类自身，将不可避免地失去控制，带来空前的生态混乱，并引发一系列严重的伦理道德冲突。世界各国政府和科学界已对此高度关注，采取立法等措施明令禁止用克隆技术制造“克隆人”，以保证克隆只用于造福人类，而绝非复制人类。

《西游记》里，孙悟空经常在紧要关头拔一撮猴毛变出一大群猴子，猴毛变猴说的就是克隆猴吧？

6 草坪——环境的净化器

绿茵茵的草坪，能给人静谧的感觉。生活在这种环境中，能开阔人的心胸，陶冶人的情操，从而充满向往新生活的渴求。

草坪被誉为城市的“肺脏”。人们通过研究发现，草坪是一个既经济又理想的“净化器”。它能有效地制造氧气（每公顷生长良好的草坪，每昼夜能释放氧气600千克），吸收二氧化碳，还能吸收空气中的二氧化硫等有害物质。一些有毒气体被草坪吸收后，可陆续转化为正常的代谢物。草坪叶片上的绒毛和黏性分泌物，还能像吸尘器一样，吸附粉尘和其他金属微粒物。据测试，草地上空的含尘量仅为裸露土地中含尘量的30%。

草坪能吸收太阳光的辐射热，调节空气的温度、湿度，改善局部地区的小气候。据测定，草坪吸收的太阳辐射可高达70%。夏季，当太阳直射时，柏油路面的温度为30 ℃～40 ℃，甚至更高，而草坪的温度却只有22 ℃～24 ℃，十分凉爽宜人。

草坪也是减弱和消除城市噪声的最好武器，有人测定，宽40米的草坪绿地，可以减低噪音10～15分贝。

草 坪

草坪的绿色还给人以视觉上的享受，给人温柔、舒适和宁静之

绿 地

感，对镇静神经、稳定血压、解除眼部疲劳均有一定作用。草坪与树木构成的绿地还能大大提高空气中负离子浓度，有效地增进人的身心健康。据测定，人在绿地里比在城市空旷地中脉搏每分钟减少4~8次。美国《科学》杂志报道说，在病房外种草坪及绿色植物可以使手术病人恢复得更快。

更为重要的是，扩大并爱护草坪，能有效减少风沙等灾害天气的形成，给人们一片蓝天白云。

绿色的草坪在喧嚣的城市中以绿色毯状映衬着五彩缤纷的鲜花，不仅净化着环境，而且给人以美的享受。所以，多种草坪，爱护草坪，人人都有好处。

你知道，我们为什么要爱护草坪、多种草坪吗？读完本文，你会有收获的。

7 从蜘蛛丝到防弹衣

在日常生活中，我们总能发现这样奇妙的现象：蜘蛛从空中落下时，是跌不死的。这是什么原因呢？经过观察，人们发现蜘蛛从空中坠落时，速度慢，且它的身体总是随着细细的蛛丝徐徐落下。尽管蜘蛛的体重与蛛丝相比悬殊，可是那柔软的蛛丝就是不断并且吊悬着蜘蛛在空中荡秋千。后来，人们又观察蜘蛛网，发现这张网更为奇特。蚊子、苍蝇能被网住当然不足为奇，但很大的昆虫在网中也无法挣脱而去就很不可思议了。科研人员发现这些触网的昆虫，不论怎么撕扯和撞击，最终总是被蛛丝粘得牢牢的，成为蜘蛛的美味佳肴，这说明蛛丝很有弹性。由此，人们就产生联想：如果能用蛛丝制造防弹衣，不比钢板轻巧柔软吗？

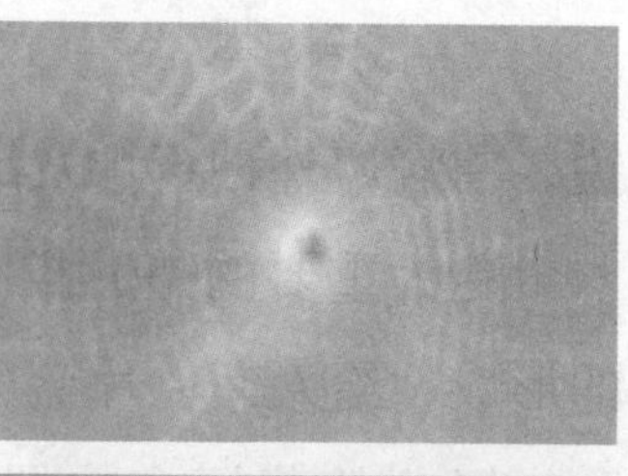

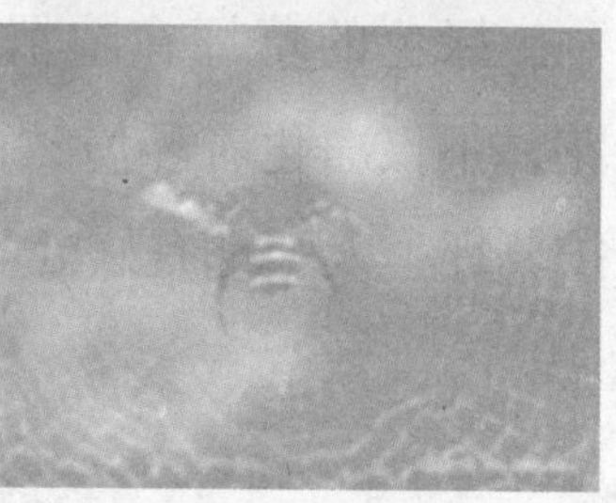

蜘蛛和它结的网

于是，仿生学家细致地研究蛛丝是怎样形成的，蛛丝的化学成分又是什么。结果发现蜘蛛纺出的细丝比头发丝还细，一根蛛丝实际上

防弹衣

是由6 000根细丝组成的。在显微镜下可以看见这些细丝还都呈中空的管状，里面充满了黏液，这些黏液通过管壁不断向外渗透，使网丝能互相粘连起来。蛛丝具有很强的韧性，如果把钢丝加工成与蛛丝相同直径的细丝，韧性远不及蛛丝呢！于是，人们根据蛛丝的化学成分制造了仿蛛丝材料，再用这种材料制成衣服，新一代的防弹衣就这样问世了。

> 人们根据蛛丝弹性大、韧性强的特点制造了仿蛛丝材料，防弹衣由此问世。你知道人们还根据仿生学的原理发明了什么其他东西吗？

8 海豚给我们的启示

随着船只乘浪而行，是海豚喜欢的消遣活动。这些精灵以每小时约70千米的游动速度前行，使人类叹为观止。

海豚之所以游得快，除了它们的形体能使水流形成阻力最小的“层流”之外，还跟它们特殊的皮肤结构有关。研究表明：水接触坚硬的东西，水流会产生混乱现象，增大阻力；相反，如果水接触的是柔软且具有极细微不平的表面时，则会消除水流混乱现象，从而减小水的阻力。在海豚的真皮层里，就有着无数个细细的、内有水质物的管状突起，当海水冲击皮肤时，管状突起内的水质物就会相应地流动，形成波浪形的起伏。由于管状突起的作用，皮肤的伸缩性和弹性始终适应海水的冲击力，呈相应的波浪形状，使皮肤与水的摩擦力减到最小。这样，海豚本身的动力几乎全部用于增加游动的速度上，达每秒钟20米。

海 豚

科研人员还模仿海豚的皮肤结构制成了“人造海豚皮”，这种厚度

核潜艇

只有2.5毫米的“人造海豚皮”，如果“穿”在鱼雷或潜艇的“身”上，能使湍流减少50%，所受到的水的阻力就至少可以降低50%。这大大提高鱼雷、潜艇的航行速度，换句话说，就是前进速度增加一倍。一些游泳运动员也从这种高科技材料中受惠，并在比赛中获得了优异的成绩。

现在，科学家正在努力研制一种更接近于海豚皮肤的人造材料。试想，如果能够研制成功，舰船从形体到表面都采用这种比较合理的“海豚型”，那么，我们将可望得到一个多么鼓舞人心的航速啊！

如果我们依此原理，再深入研究气流，改造飞机和宇宙飞船等的“皮肤结构”，又会有怎样的突破呢？

想一想，海豚为什么游得快？研究海豚的皮肤结构对科学研究有什么启发呢？

9 人体生命的密码——冷光

根据物理学知识，凡是温度处于绝对零度以上的物体都能发光，人的体温在36 ℃~37 ℃之间，当然也会发光。

普通人每时每刻都在发光，但这种光太微弱，人眼是看不见的，而且这种光只发光不发热，故名叫“冷光”。

那么人体为什么会发光呢？大家知道，人、植物、动物等有机体，以及矿物、岩石等无机物，就像荧光物质一样，都有一个固定波长的能量吸收带。该吸收带一旦受到电磁能量的激发，就会产生波长更长的二次辐射。这种二次辐射可以使空气电离，形成一个静电场。人体发光的能量，使我们生活环境中充满了由天体感应而产生的电磁波，此电磁波能与人产生感应共振形成较强大的能场，这种二次辐射电磁波能使空气电离，形成有色离子，使胶片感光，拍摄出特殊照片。

一般健康人的整体光为粉红色。身体健康、心情开朗的人发出的光明亮、耀眼；情绪消沉，或有病的人发出的光暗淡。诊病时可根据整体光、局部光的颜色确认有无疾病，治疗中也可观察整体光和局部光以确定疾病是否消除。

另外，不同的机体发光强度不同。身体强壮的人发光强度较强，患病之人发光强度较弱；从事体力劳动或喜欢运动的人发光强度较强，脑力劳动者发光较弱；青壮年人发光强度较强，老年人发光强度较弱；老年人与少年发光强度则差不多。

人体体表微弱的发光，有一定的规律可循。就同一个人而言，一般手指尖的发光最强，手指尖所发的光比虎口强，虎口的光比手心强，而手心的光又比手背强。人体上肢的光比下肢强，但固定的部位，发光强度始终保持在同一水平上。

人体的冷光也与人的生理状态和体内器官有着内在的联系。人疲劳时发光就弱，人精力充沛时发光就强。注射和服用一些高能量的药物，人体体表冷光就会明显增强，所以，这就提供了一个信息，即人体冷光与生命活动中的能量代谢有密切的联系。

人体也会发光，你相信吗？读完本文，我们不仅知道人体会发光，而且知道人体发光强度与人体机能有着密切关系，人体体表微弱的发光是有规律可循的，人体的冷光也与人的生理状态和体内器官有着内在的联系。仔细研究，我们会收获更多。

10 有趣的花时钟

花能为我们报时吗？能，因为自然界中有许多按时开花的花。瑞典植物学家林奈就曾经按开花时间的先后，把一些植物种植在一个花坛中，这就是独具匠心、闻名于世的花时钟。只要看一看面前开的是什么花，就可以知道现在大约是几点钟了。

芍 药

大约凌晨3点钟，当你还沉浸在梦乡时，可用于酿制啤酒的蛇麻草就开花了；清晨四五点，赶早市的夜蔷薇便开花了；当我们一早醒来，可以看到牵牛花正带着晨露，迎接着缓缓上升的朝阳；6点的时候，蒲公英和葵花也开放了；大约在7点钟，芍药花显示出了美貌；太阳花在一天中光线最强的中午盛开；下午2点钟，睡莲花开；而紫茉莉要等到傍晚日落西山，家家户户都升起炊烟时才盛开，所以人们也称它“煮饭花”；晚上7点钟，晚香玉散发出芳香；晚上8点钟，夜来香的金色花朵送来阵阵清馨，向你致以晚安；昙花通常是

昙 花

紫茉莉

晚上10点左右开放，午夜时盛开，到清晨四五点钟就凋谢了。

有些花的花色还会随着时间而发生有规律的变化呢！像木芙蓉的花一天之中会变色3次：早晨是白色，中午逐渐变为淡红色，傍晚时又变成深红色。凭这一点，我们也可以用它来判断时间。

说到花，我们首先想到的是花的娇艳、妩媚，又有谁会想到花也能报时呢？而大自然就是这么神奇。其实，留心看看大自然里的生物活动，你会发现，自然界有很多美丽的时钟。植物知道时间，其实小动物也知道，只要你勇于去探索，会发现大自然更多的奥秘。

11 巴氏灭菌法的发明

一般说来，刚刚挤出的牛奶是不安全的，因为它可能包含对我们身体有害的细菌。通常，我们在超市里购买的袋装牛奶是经过巴氏灭菌法处理过的。

什么是巴氏灭菌法呢？巴氏灭菌法又名“巴氏消毒法”，即“巴斯德消毒法”，就是把需要消毒、杀菌的饮料或其他食品盛在适当的容器中，置于50 ℃～60 ℃的温度下让其缓缓受热，并通过持续受热足够的时间来灭杀细菌的方法。

巴氏灭菌法是法国科学家巴斯德解决啤酒变酸的问题时发明的。

1857年，法国里尔城的制酒厂发生了一起事故：味道可口、气味芬芳的啤酒莫名其妙地变酸了，一桶桶啤酒堆积如山，卖不出去，酒厂面临破产的危险。当时巴斯德已是闻名法国的斯特拉斯堡大学的化学教授，啤酒厂的老板便请他帮助解决这个问题。

巴斯德来到酒厂，认真调查研究，仔细查看了各个工艺流程，试图寻找啤酒变酸的原因。他把变酸的酒浆和正在发酵的甜菜汁放在显微镜下观察，并翻阅了许多文献，终于得出结论：酒变酸的原因是乳酸杆菌在捣乱。乳酸杆菌繁殖得相当快，营养丰富的啤酒简直就是乳酸杆菌生长的天堂。

找到原因后，巴斯德教授开始设计灭菌方法。乳酸杆菌有个致命的弱点是怕高温，只要把酒加热到一定温度并保持一段时间，就会杀死它。但是如果采用高温蒸煮的办法，啤酒的营养会被破坏，风味会大打折扣。巴斯德通过反复实验设计出了一种既能有效灭菌，又能最大限度保持啤酒原有风味的灭菌方法，即以50 ℃~60 ℃的温度加热啤酒半小时。这一方法挽救了法国的酿酒业。这种灭菌法也就被称为“巴氏灭菌法”。

在一定温度范围内，温度越低，细菌繁殖越慢；温度越高，繁殖越快。但温度太高，细菌就会死亡。不同的细菌有不同的最佳生长温度和耐热、耐冷能力。巴氏消毒其实就是利用病原体不是很耐热的特点，用适当的温度和保温时间处理，将其全部杀灭。但经巴氏消毒后的食品，并不是完全无菌，它们仍保留了小部分无害或有益、较耐热的细菌或细菌芽孢，因此巴氏消毒牛奶要冷藏。在4 ℃左右的冷藏温度下，经过巴氏灭菌法处理的牛奶能保存3~10天。

当今使用的巴氏杀菌程序种类繁多。“低温长时间”处理是一个“间歇”过程，如今只被小型乳品厂用来生产一些奶酪制品。“高温短时间”处理是一个“流动”过程，通常在板式热交换器中进行，如今被广泛应用于饮用牛奶的生产。“快速巴氏杀菌”主要应用于生产酸奶乳制品。

随着技术的进步，人们又发明了许多新的食品杀菌法。如超高温灭菌技术、脉冲电场杀菌贮藏技术、电解杀菌技术、交流电杀菌技术、超声波杀菌技术、激光杀菌技术等，这些灭菌技术各有各的长处，各有各的用途，有效地保护了人类的健康。

各种各样的灭菌技术不仅保障了人类的健康，而且有力地促进了食品工业的发展。

12 从“神火飞鸦”到现代火箭

我国明代史书上记载有一种军用火箭“神火飞鸦”。这种武器用细竹或芦苇编成，内部填充火药，两侧各装两支“起火”，“起火”的药筒底部和鸦身内的火药用药线相连。作战时，“起火”的推力将飞鸦射至100丈开外，飞鸦落地时内部装的火药被点燃爆炸。爆炸时的“飞鸦”宛如今日的火箭弹。

与“神火飞鸦”同时出现的还有一种原始的火箭弹——“震天雷炮”。它可依靠自身装药燃烧推进。而另一种名为“火龙出水”的军用火箭，专用于水战。竹筒制的龙身内装火药，外装“起火”。“起火”将龙身射至空中，又点燃龙身内的火药，于是火箭再次射出。这已经相当于一种两级火箭了。

元、明时代，火箭武器已有很大发展。到了16世纪，抗日名将戚继光已在军中大量装备火箭。箭长5尺以上，绑附火药筒，能远射300步，倭寇见之丧胆。

火 箭

明朝年间，有一个叫做万户的人，喜好工艺技术。他也许是世界历史上第一位尝试用火箭升空的人。他把椅子安一个木制构架上，构架四周绑上47支火箭，万户坐在椅子内，

两只手各握着一只大风筝。他打算等火箭升空后，就利用这两只大风筝带着自己在空中飞行。“飞龙”点火后，拔地升起，冲入半空，可是，随着一阵剧烈的爆炸声，万户和他的“飞龙”灰飞烟灭。为了纪念这位勇敢的探索者，美国国家航空航天局曾将月球表面的一个陨石坑命名为“万户”。

1883年，俄国科学家齐奥尔科夫斯基首先从理论上论证了人类借助喷气式工具进入宇宙空间的可能性。1919年，美国科学家戈达德在一篇文章中探讨了借助火箭到达月球的可能性。1926年，戈达德成功发射了自己制作的一枚液体燃料火箭，这是世界上第一枚液体火箭，戈达德是现代空间运载火箭的鼻祖。“二战”期间，德国物理学博士冯·布劳恩主持研发了V–2火箭，它的最高速度超过了音速，能把一吨重的弹头送到332千米以外的地方。战后，它被用于载人飞行试验。

1956年，我国开始了现代火箭的研制。1964年，我国自行研制的中程火箭试飞成功。1970年，“长征1号”运载火箭诞生，并成功发射了“东方红1号”卫星。1975年11月26日，“长征2号”火箭成功发射中国第一颗返回式卫星。现在我国已经研制出了更为先进的“长征3号”、“长征4号”系列运载火箭。许多国家在发射人造卫星时，都会选用中国的长征系列运载火箭。

本文介绍了火箭技术走过的历程，相信随着科技的不断发展，火箭技术革新的步伐会越来越快。

13 来自远方的声音

电话是通过电信号远距离双向传输话音的设备。电话的发明加快了信息传送的速度，改变了世界的通信方式和人们对时间与距离的理解，对世界的发展产生了深远的影响。

电 话

欧洲对远距离传送声音的研究始于17世纪。英国著名的物理学家和化学家罗伯特·胡克首先提出了远距离传送话音的建议。而在1796年，休斯提出了用话筒接力传送语音信息的办法，并且把这种通信方式称为“Telephone”，此称呼一直延用至今。

对于大多数人来说，每当提到电话的发明，一定会联想到一位美国人：亚历山大·格雷厄姆·贝尔。贝尔进行了大量研究，探索语音的组成，并在精密仪器上分析声音的振动。实验中，贝尔偶然发现沿线路传送电磁波可以传输声音信号。经过几次实验，贝尔制作的一种装置可以让声音稳定地通过线路传输，只是仍然不清晰。又经过反复的试验和改进，贝尔的工作获得了巨大的进展。1876年2

月份，贝尔为自己的发明申请了专利。10年之内，电话遍及美国，很快又传遍全世界。

电话发明后的几十年里，围绕着电话的经营、技术等问题，出现了大量新技术："自动拨号系统"减少了人工接线带来的种种问题，干电池的应用缩小了电话的体积，装载线圈的应用减少了长距离传输的信号损失。1906年，电话设备加入了扩音功能。1915年1月25日，第一条跨区电话线在纽约和旧金山之间开通。它使用了2 500吨铜丝，13万根电线杆和无数的装载线圈，沿途使用了3部真空管扩音机来加强信号。1948年7月1日，贝尔实验室的科学家发明了晶体管。这不仅仅对于电话发展有重大意义，对于人类生活的各个方面都有巨大的影响。其后几十年里，又有大量新技术出现，例如集成电路的生产和光纤的应用，这些都对通信系统的发展起到非常重要的作用。

当前，IP电话成为电话行业的新潮流。IP电话是按国际互联网协议规定的网络技术内容开通的电话业务，中文翻译为网络电话或互联网电话，简单来说就是通过国际互联网进行实时的语音传输服务。IP电话通信费用极为低廉，普通电话拨通国际长途的话，每分钟需要十几元人民币，而IP电话只需要几分钱人民币，所以也有人称IP电话为"廉价电话"。

本文介绍电话的历史发展轨迹，今天，电话的功能越来越强大，成本越来越低廉，已经走入了寻常百姓之家。

14 红外夜视仪

红外夜视仪是一种能够在黑暗的夜晚发现目标的军用装备。它分为主动式和被动式两种：主动式红外夜视仪用红外探照灯照射目标，接受反射的红外辐射形成图像；被动式红外夜视仪不发射红外线，而是依靠目标自身的红外辐射形成“热图像”，所以又叫做“热像仪”。

夜间可见光很微弱，但人眼看不见的红外线却很丰富。红外线视仪可以帮助人们在夜间进行观察、搜索、瞄准和驾驶车辆。尽管人们很早就发现了红外线，但受到红外元器件的限制，红外遥感技术发展很缓慢。

红外望远镜

直到1940年，德国研制出硫化铅和几种红外透射材料后，才使红外遥感仪器的诞生成为可能。此后德国首先研制出主动式红外夜视仪等几种红外探测仪器，但它们都未能在第二次世界大战中实际使用。

几乎同时，美国也在研制红外夜视仪，虽然试验成功的时间比德国晚，但却抢先将其投入实战应用。1945年夏，美军登陆进攻冲绳岛，隐藏在岩洞坑道里的日军利用复杂的地形，夜晚出来偷袭美军。于是，美军将一批刚刚制造出来的红外夜视仪紧急运往冲绳，

把装有红外夜视仪的枪炮架在岩洞附近，当日军趁黑夜刚爬出洞口时，立即被一阵准确的枪炮击倒。洞内的日军不明其因，继续往外冲，又糊里糊涂地送了命。红外夜视仪初上战场，就为肃清冲绳岛上顽抗的日军发挥了重要作用。

主动式红外夜视仪具有成像清晰、制作简单等特点，但它的致命弱点是红外探照灯的红外光会被敌人的红外探测装置发现。20世纪60年代，美国首先研制出被动式的热像仪，它不发射红外光，不易被敌发现，并具有透过雾、雨等进行观察的能力。

1982年4~6月，英国和阿根廷之间爆发马尔维纳斯群岛战争。4月13日半夜，英军攻击斯坦利港，3 000名英军突然出现在阿军防线前。英国的所有枪支、火炮都配备了红外夜视仪，能够在黑夜中清楚地发现阿军目标。而阿军却缺少夜视仪，不能发现英军，只有被动挨打的份。在英军火力准确的打击下，阿军支持不住，英军趁机发起冲锋。到黎明时，英军已占领了阿军防线上的几个主要制高点，阿军完全处于英军的火力控制下。6月14日晚9时，14 000名阿军不得不向英军投降。英军利用红外夜视器材赢得了一场兵力悬殊的战斗。

1991年海湾战争中，在风沙和硝烟弥漫的战场上，由于美军装备了先进的红外夜视器材，能够先于伊拉克军的坦克而发现对方，并开炮射击。而伊军只是从美军坦克开炮时的炮口火光上才得知大敌在前。由此可以看出红外夜视器材在现代战争中的重要作用。

即使在伸手不见五指的夜晚，红外夜视仪也能清楚地发现目标，原来它工作时不依赖可见光。

15 拉链的演进

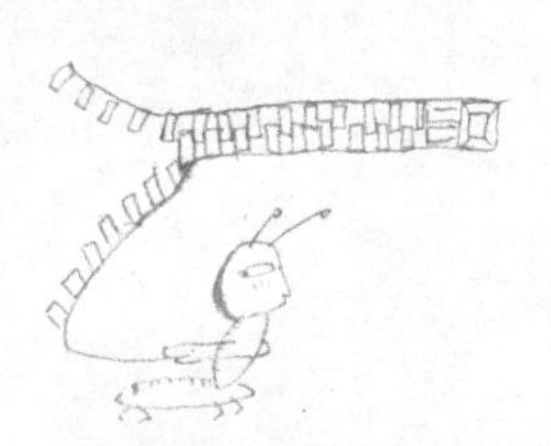

拉链的发明雏形，最初来自于人们穿的长统靴。长统靴特别适合走泥泞的道路，在19世纪中期很流行，但长统靴的铁钩式纽扣多达20余个，穿脱极为费时。为了免去穿脱长统靴的麻烦，人们甚至穿着靴子整日不脱下来。

1891年，美国芝加哥机械师贾德森为了解除每天系鞋扣的麻烦，就发明了一种可以代替鞋扣的拉链。这种拉链是由一排钩子和一排扣眼构成，用一个铁制的滑片由下往上一拉，便可使钩子与扣眼一个个依次扣紧。贾德森把样品送到1893年的哥伦比亚博览会上展出，得到参观者的好评，并因此取得了专利。

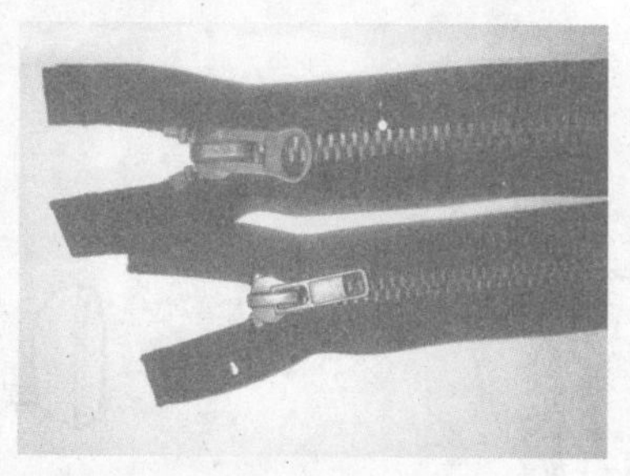

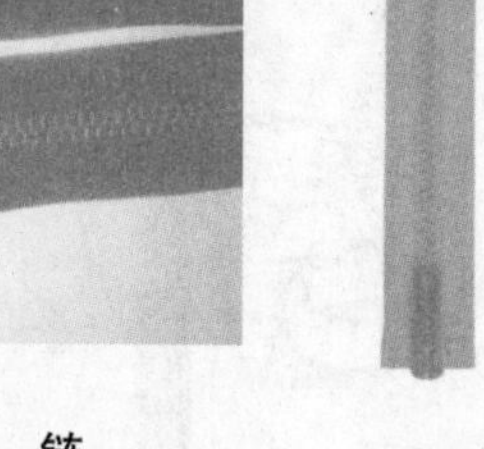

拉 链

但是，这一发明在当时还相当粗糙，许多人很快就把它忘却了。有一位名叫沃尔特上校军官看到这种装置后，却十分感兴趣，他坚信这是一项伟大的发明。沃尔特在离开陆军当上律师之后，就与贾德森一起组建了拉链制造公司，贾德森为此又投入了数年时间，努力研制制造拉链的机械。经多次失败后，终于在1904年获得成功。沃尔特为此专门举办了庆祝会，并在会上做公开表演。然而，最初生产出来的拉链产品又笨又硬，而且很不可靠，时常会在人们不注意的时候突然脱钩，因此很少有人买这种产品，拉链制造公司的经营陷入了困境。贾德森沮丧极了，几乎不想再干下去。沃尔特不甘心失败，他又聘请了瑞典工程师基德恩·萨德巴克前来协助，萨德巴克迷上了拉链的研究工作，他对贾德森的发明进行改革后，利用凹凸齿错合原理，发明出新型拉链。

1912年，萨德巴克又研制出把金属齿夹在布条上排列成行的拉链制造机，从此拉链的商业化生产开始了。5年后，美国的海军和空军率先在军服上使用拉链。1930年，服装设计师夏帕雷莉尝试把拉链用在妇女服装上。她做了一件长裙，从领子直到裙子下摆使用了一根长长的拉链，这种新颖的装束受到了很多人的青睐。由于稀少，小小拉链成了许多达官贵人炫耀自己身份的饰品。此后，拉链的名气越来越大，逐渐被广泛使用在服装、鞋和提包等物品上，给人们带来很多方便。

今天，随着人类社会经济和科学技术的发展，拉链由最初的金属材料向尼龙、树脂等各种非金属材料发展，由单一品种、单一功能向多品种、多规格、综合功能发展。其性能、结构、材料日新月异，用途越来越广泛，人们除了在衣服、箱包上使用拉链外，也在航天、航空、军事、医疗等领域使用拉链。小小拉链在人们生活中起到的作用越来越大，越来越显示出它的重要性和生命力。

小小的拉链中包含了许多人的智慧，如今多品种、多规格、多功能拉链层出不穷，它的用途越来越广泛了。

16 看不见的生命——病菌

1865年，欧洲蔓延着一种可怕的蚕病，大批大批的蚕宝宝会在一夜之间神秘死掉。许多靠养蚕为生的法国农民心急如焚，他们联名给巴黎高等师范大学的生物学教授路易斯·巴斯德写信，恳求他研究出治疗疾病的办法，救救他们可怜的蚕宝宝。

巴斯德得到消息之后，马上前往法国南部实地调查。

他首先取来病蚕和被病蚕吃过的桑叶，放在显微镜下仔细观察。很快，他就发现病蚕和桑叶上都有一种椭圆形的微粒。这些微粒能游动，还能迅速地繁殖后代。他找来健康的蚕和从树上刚摘的桑叶，也放在显微镜下观察，却没发现那种微粒。

“终于找到病源了！”巴斯德兴奋地叫了起来。这是人类首次发现致病微生物。巴斯德给它取了个名字，叫“病菌”。

那么，怎样防止蚕病传染呢？巴斯德带了病蚕回巴黎的实验室进行研究。两年以后，他终于找到了病菌传播的途径：它们通过有病的蚕卵，一代一代地遗传下去。只要消灭了有病的蚕卵，就可以培养出健康的蚕群！于是，巴斯德打死产完卵的雌蛾，加水把它磨成糨糊，放在显微镜下观察，如果发现成糨糊的雌蛾体内有病菌，就把它产的卵烧掉；没有病

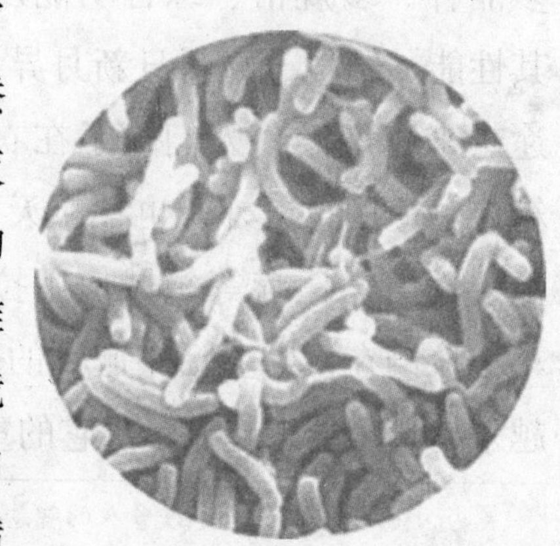

霍乱弧菌

菌，就把它产的卵留下。用没有病菌感染的蚕卵繁殖，蚕病就不会传染了。

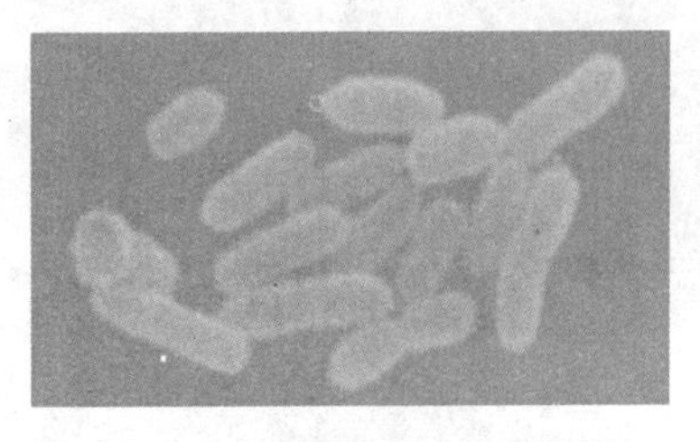
鼠疫杆菌

从此，巴斯德开始研究人类致病的原因，结果发现了多种病菌。他还发现在高温下，病菌很快就会死亡，于是他向医生宣传高温杀菌法，防止了许多病菌的传染。现在，医院里使用的医疗器械，都要用高温水蒸气蒸煮，这就是巴斯德发明的消毒方法，后人叫它“巴氏消毒法”。

那么，病菌究竟是一些什么样的东西呢？病菌是指病原性细菌，单细胞微生物。它们只是细菌大家族中的一小部分成员。

自抗生素问世以来，许多凶恶的细菌性疾病如霍乱、鼠疫、梅毒、破伤风和肺结核等等都得到了有效治疗。抗生素只要破坏了进入人体病菌的生存繁殖条件，就可杀死它们，达到治疗目的。

由于对抗生素的过度滥用，也使得病菌很快适应药性，并进化为具有耐药性的“超级病菌”。人们越来越多地发现对目前所有抗生素耐药的细菌，它们都是在使用抗生素最多的医疗场所或人体身上。

17 酸碱指示剂的发现和利用

酸碱指示剂是检验溶液酸碱性的常用化学试剂，像科学上的许多其他发现一样，酸碱指示剂的发现是化学家善于观察、勤于思考、勇于探索的结果。

300多年前，英国年轻的科学家罗伯特·波义耳在化学实验中偶然捕捉到一种奇特的实验现象。有一天清晨，波义耳正准备到实验室去做实验，一位花木工为他送来一篮紫罗兰，喜爱鲜花的波义耳随手取下一枝带进了实验室，把鲜花放在实验桌上开始了实验。

当他从大瓶里倒出盐酸时，一股刺鼻的气体从瓶口涌出，倒出的淡黄色液体冒着白雾，还有少许酸沫飞溅到了鲜花上。他想“真可惜，盐酸弄到鲜花上了”。为洗掉花上的酸沫，他用水把花冲了一下，竟然发现紫罗兰颜色变红了。当时波义耳感到既新奇又兴奋，他认为可能是盐酸使紫罗兰颜色变成了红色。为进一步验证这一现象，他立即返回住所，把那篮鲜花全部拿到实验室，取了当时已知的几种酸的稀溶液，把紫罗兰花瓣分别放入这些稀酸中，结果现象完全相同，紫罗兰都变为红色。由此他推断，不仅盐酸，而且其他各种酸都能使紫罗兰变为红色。他想“这太重要了，以后只要把紫罗兰花瓣

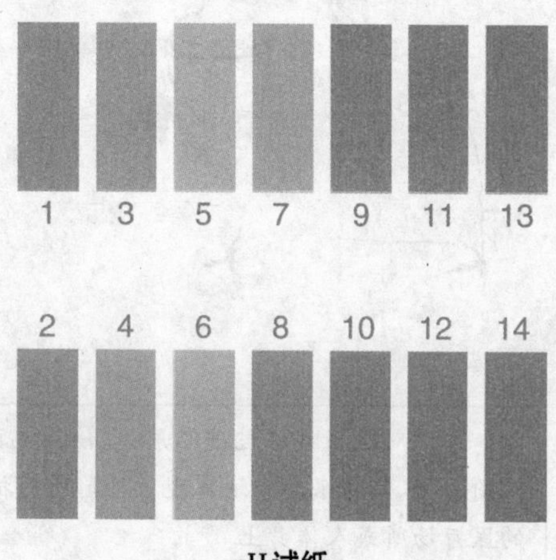

pH试纸

放进溶液，看它是不是变红色，就可判别这种溶液是不是酸”。偶然的发现，激发了科学家的探求欲望。后来，他又弄来其他花瓣做试验，并制成放有花瓣的水或酒精的浸液,用它来检验是不是酸，同时用它来检验一些碱溶液，也产生了一些变色现象。

这位追求真知、永不困倦的科学家，为了获得丰富、准确的第一手资料，还采集了药草、牵牛花、苔藓、月季花、树皮和各种植物的根……泡出了多种颜色的不同浸液，有些浸液遇酸变色，有些浸液遇碱变色，不过有趣的是，他从石蕊苔藓中提取的紫色浸液，酸能使它变红色，碱能使它变蓝色，这就是最早的石蕊试液，波义耳把它称作指示剂。为使用方便，波义耳用一些浸液把纸浸透，烘干制成纸片，使用时只要将小纸片放入被检测的溶液，纸片上就会发生颜色变化，从而显示出溶液是酸性还是碱性。今天，我们使用的石蕊和酚酞试纸、pH试纸，就是根据波义耳的发现原理研制而成的。

随着科学技术的进步和发展，许多其他的指示剂也相继被另一些科学家研发。这些指示剂在不同领域发挥着它们的科学作用，为人类的科学事业作出了杰出的贡献。

对身边的事物充满着好奇是科学发现的共同特征。好奇心好比是一对触角，它能把你带进奇妙的科学世界。你有这对触角吗？

18 DNA的发现及其应用

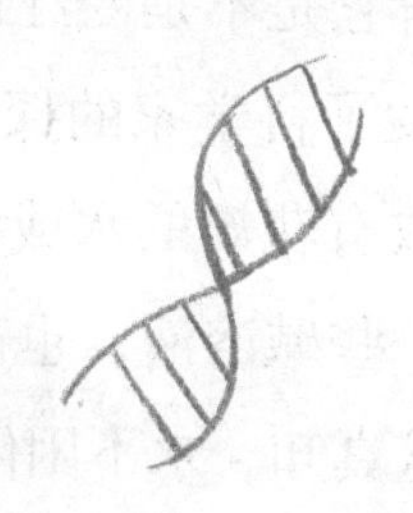

20世纪50年代，英国著名的《自然》杂志发表了一篇题为《核酸的分子结构》的论文。论文的作者一位是25岁的沃森，一位是37岁的克里克。他们在论文中提出了DNA分子的双螺旋结构模型。

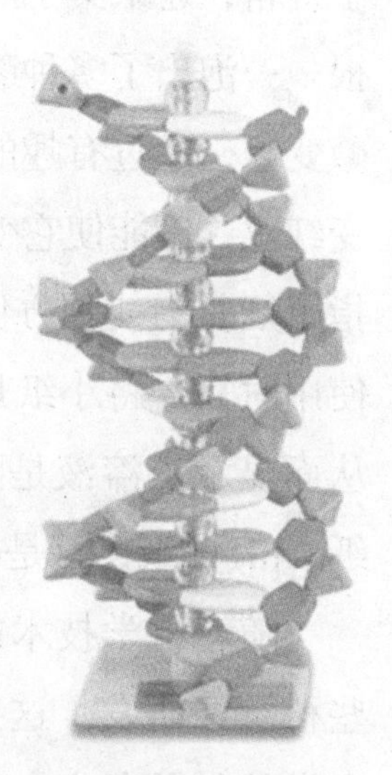

DNA分子模型

沃森出生于美国芝加哥，天赋异常，15岁就进入芝加哥大学。在大学高年级时，他阅读了薛定谔的书——《生命是什么?》，深深地被控制生命奥秘的基因和染色体吸引。1950年完成博士学业后，沃森来到了欧洲，进入著名的英国剑桥大学卡文迪许实验室工作。沃森知道DNA是揭开生命奥秘的关键，他下决心要解决DNA的结构问题。幸运的是，在这个实验室他和克里克共事，尽管彼此的工作内容不同，但两人对DNA的结构都非常感兴趣。克里克毕业于英国伦敦大学，此时正专心于把物理和数学渗透到生命科学的研究中。他们相信只要搞清DNA的分子结构就能揭开基因遗传的奥秘。

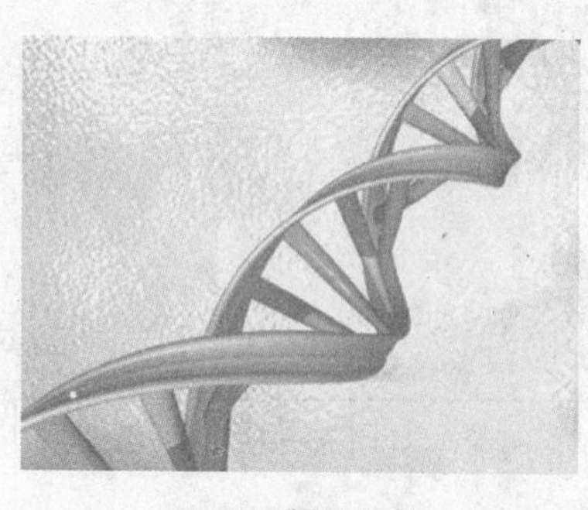

DNA双螺旋结构

1951年11月，沃森和克里克开始DNA空间结构的研究。当时人们已经知道DNA由核苷酸组成，美国细菌学家艾佛里已完成细菌转化实验，初步证实DNA是遗传物质。这时，世界上有几个实验室正在角逐看谁先发现DNA结构。沃森和克里克的努力和辛苦没有白费，奇迹终于出现了，他们在1953年建构出第一个DNA的精确模型——双螺旋结构，完成了被认为是至今为止科学史上最伟大的发现之一。

DNA双螺旋结构被阐明，揭开了基因遗传之谜，也揭开了生命科学的新篇章，开创了科学技术的新时代。随后，遗传的分子机理——DNA复制、遗传密码、遗传信息传递的中心法则、作为遗传的基本单位和细胞工程蓝图的基因，以及基因表达的调控相继被认识。至此，人们已完全认识到掌握所有生物命运的东西就是DNA和它所包含的基因，生物的进化过程和生命过程的不同，就是DNA和基因运作轨迹不同所致。

知道DNA的重大作用和价值后，生命科学家首先想到能否在某些与人类利益密切相关的方面打破自然遗传的规律，让患病者的基因“改邪归正”，以达治病目的，把不同来源的基因片段进行“嫁接”以产生新品种和新品质。于是，一个充满了诱惑力的科学幻想奇迹般地成为现实。实现奇迹的科技手段就是DNA重组技术。1972年，美国科学家保罗·伯格首次成功地重组了世界上第一批DNA分子，标志着DNA重组技术——基因工程作为现代生物工程的基础，成为现代生物技术和生命科学的基础与核心。到了20世纪70年代中后期，由于出现了工程菌以及实现DNA重组和后期处理都有工程化的性质，基因工程或遗传工程作为DNA重组技术的代名词被广泛使用。

现在，基因工程还包括基因组的改造、核酸序列分析、分子进化分析、分子免疫学、基因克隆、基因诊断和基因治疗等内容。

到20世纪末，DNA重组技术最大的应用领域在医药方面，活性多肽、蛋白质和疫苗的生产及疾病发生机理的诊断和治疗，新基因的分离以及环境监测与净化等都离不开DNA重组技术。DNA分析还广泛应用于法医学鉴定，解决刑事侦查、民事纠纷(亲子鉴定)，以及追查尸体身份等问题。

19 神奇的能源——地热

地热能是来自地球深处的可再生性热能，它来源于地球的熔融岩浆和放射性物质的衰变。地下水的深处循环和来自极深处的岩浆侵入到地壳后，把热量从地下深处带至近表层。其储量比目前人们所利用的能源总量多得多，大部分集中分布在构造板块边缘一带。

人类很早以前就开始利用地热能，但真正认识地热资源并进行较大规模的开发利用却是始于20世纪中叶。目前，这种能源是如何显示自己的神奇本领的呢?

● 医疗

地热在医疗领域的应用有着诱人的前景，目前热矿水就被视为是一种宝贵的资源，世界各国都很珍惜。由于地热水从很深的地下提取到地面，除温度较高外，常含有一些特殊的化学物质，使它具有一定的医疗效果。如含碳酸的矿泉水饮用后，可调节胃酸、平衡人体酸碱度；含铁的矿泉水饮用后，可治疗缺铁性贫血症；用硫化氢泉洗浴可治疗神经衰弱和关节炎、皮肤病等。

● 供暖

羊八井地热发电厂

将地热能直接用于供暖是一种不错的地热利用方式。这种利用方式简单、经济性好，备受各国重视，特别是位于高寒地区的国家。世界上开发利用地热供暖最好的国家是冰岛，该国早在1928年

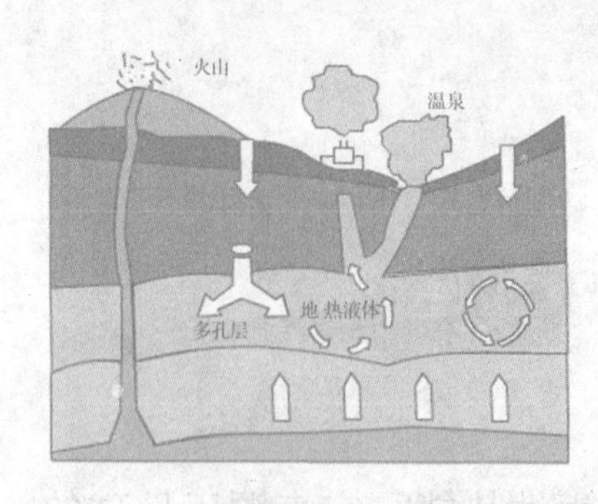

地热传递

就建成了世界上第一个地热供暖系统。

● 农业

地热在农业中的应用范围也十分广阔。利用温度适宜的地热水灌溉农田，可使农作物早熟增产；利用地热水养鱼，在28 ℃水温下可加速鱼的育肥，提高鱼的出产率；利用地热建造温室，可育秧、种菜和养花；利用地热给沼气池加温，能提高沼气的产量等。

● 发电

地热发电是地热利用的最重要方式。地热发电和火力发电的原理是一样的，都是利用蒸汽的热能在汽轮机中转变为机械能，然后带动发电机发电。所不同的是，地热发电不像火力发电那样要装备庞大的锅炉，也不需要消耗燃料，它所用的能源就是地热能。

展望未来，随着与地热利用相关的高新技术的发展，人们将能更精确地探明更多的地热资源，钻更深的钻井将地热从地层深处取出。地热利用必将进入一个飞速发展的阶段，有可能成为未来能源的重要组成部分。

能源就是能产生能量的物质。你们知道能源分为几种吗？能源种类有很多：有一次能源、二次能源，一次能源又可分为可再生能源和非可再生能源。

20 哈勃太空望远镜

起初，我们只能用肉眼观察太空。1609年，意大利科学家伽利略亲手制作了世界上第一架天文望远镜，望远镜的出现让我们能够看得更远。1940年科学家们设想建立一个能够长期在太空中进行观测的轨道天文台，于是太空望远镜的概念出现了。1990年，世界上第一台太空望远镜诞生了，设计者们用美国天文学家埃德温·哈勃的名字为其命名，这就是哈勃太空望远镜。1990年4月25日升空后，它就一直运行于距离地面600千米的高空中，摆脱了地球大气层对天文观测的干扰，它的威力远远超过所有地基望远镜。

“哈勃”为人类作出了哪些贡献呢？

“哈勃”由于它自身的高分辨率和它上面搭载的精细导星传感器，使它成为视差测量的行家里手，可以探测更为遥远的距离，并且可以在银河系中更大的范围内进行采样。“哈勃”的观测证明，新一代的恒星形成于气体星云，而老年恒星则通过行星状星云和超新星爆发最终演化成了白矮

哈勃太空望远镜

星、中子星和黑洞。“哈勃”对猎户星云的早期观测发现，其中聚集了许多被浓密气体和尘埃盘包裹的年轻恒星，“哈勃”所拍摄的高分辨率照片第一次直接揭示了这些盘的结构和物理性质。

γ射线暴

“哈勃”的观测还在超新星爆发和神秘的γ射线暴之间建立起了联系。在“哈勃”刚发射的时候，人们还不清楚这些γ射线暴是来自银河系内还是来自银河系之外。随后的卫星观测证实了γ射线暴发生在银河系之外，而“哈勃”对其余晖的观测则把这些爆发锁定在了河外星系中的大质量恒星形成区。“哈勃”令人信服地证明了这些剧烈的爆发和大质量恒星死亡的直接联系。

有了“哈勃”之后，天文学家第一次看到了年轻星系的形状和结构。与我们在今天看到的旋涡星系和椭圆星系不同，“哈勃”所拍摄的深空区以及超深空区的照片揭示出了大量的星系。

“哈勃”最广为接受的成功无疑是在宇宙学领域。“哈勃”在发现和监测深入宇宙早期的遥远超新星方面起到了重要的作用。由于超新星本身亮度低以及其所在星系的干扰，地面上的望远镜很难在这样遥远的距离上发现超新星。有了“哈勃”，超新星就可以干净地从寄主星系中分离出来，进而可以测定它的亮度。

随着紫外和近红外波段成像灵敏度的提高、紫外分光仪的升级以及对失灵仪器设备的更换，“哈勃”的观测能力将远胜于过去，“哈勃”的未来将更加光明。

“哈勃”成功的秘诀关键在于三点：位置、位置还是位置。位于地球大气层之上的“哈勃”摆脱了架在所有地面望远镜脖子上的枷锁。首先是望远镜分辨率的大幅度提高。“哈勃”所拍摄的图像可以分辨出小于0.1角秒的细节，这相当于0.5毫米在1千米以外的张角。和“哈勃”比起来地面上望远镜所拍摄的照片要模糊10倍以上。此外，由于“哈勃”没有了大气湍流的干扰，因此它所获得的图像和光谱具有极高的稳定性和可重复性。这些特性使得“哈勃”在测量天体的亮度和结构时可以达到前所未有的精度。

21 坏血病的克星

坏血病是人们在几百年前就知道的疾病，当时被称作不治之症，在远洋航行的水手中非常普遍。

16世纪，意大利航海家哥伦布船队中的十几个患坏血病的船员在孤岛上用野果充饥后，竟奇迹般地活了下来。

1747年，詹姆斯·林德根据早期人们对坏血病的记载和自己的观察，对坏血病的治疗在船上进行实验研究。当时，海员们已在船上停留了两个月，有12人患了坏血病。林德让他们分组进食，比较不同食物的作用，其中两人每天吃两个橘子、一个柠檬，以6天为一个疗程。6天后这两个病人的病状都大为减轻，其中一人已能值勤。26天后，两个人都完全恢复了健康。实验结果十分明显。英国著名的航海家和探险家詹姆斯·柯克证实了林德实验的有效性，在他第二次去南极探险并环球航行时，所到之处都利用各种机会给他的海员提供新鲜水果和蔬菜，并改善生活环境。虽然这次航海历时3年，但竟无一个人患坏血病，这说明新鲜的水果和蔬菜可预防坏血病。

1920年，英国生物化学家杰克·德鲁蒙提出抗坏血病物质应该有自己的代表字母，于是把它叫做“维生素C”，简称为“维C”。

1928年，匈牙利出生的美籍生物化学家森特·哲尔吉在剑桥大学发现并分离出抗坏血酸，同时指出这是人类食物中必须有的一种维生素。同年，美国的维达尔也分离出维生素C的纯结晶。

1933年，英国的霍沃思等人在伯明翰大学成功地确定了维生素C的化学结构。同年，瑞士的雷池斯坦成功地进行了维生素C的人工合成，并于1934年在瑞士实现了维生素C的大量工业生产，并投放市场。

现在人们已经认识到维生素C还有更多的功能。

（1）维生素C在胶原蛋白合成过程中起着重要作用。胶原蛋白是连接细胞的重要成分，缺少它时，胶原纤维合成受阻，创伤愈合延缓，微血管脆性增加，易出血。其次，维生素C还是一种还原剂，可以使肠道中的铁呈亚铁离子状态，易于动物和人吸收。再次，它还有保持维生素E、维生素A的含量，防止不饱和脂肪酸氧化等功能。

（2）具有提高白细胞的吞噬能力、促进抗体的形成、保护细胞和抗衰老、促进激素的分泌等多种功能。例如维生素C对治疗感冒的作用人们已研究过几十次，其中规模最大的和最能说明问题的一次对照研究是多伦多大学特伦斯·安德森博士所进行的。他发现几克的维生素C即便不能治愈感冒，至少会减轻症状，并缩短病程30%。苏格兰医生伊万·卡梅伦博士每天用10克维生素C治疗100例晚期癌症患者，结果，这些病人与100例接受常规癌症疗法的病人相比，平均存活期长4倍，其中13例平均存活期长20倍，并且所有的癌症表现都消失了。

富含维C的蔬菜、水果

（3）维生素C可抑制代谢废物转化成有色物质，减少黑色素的形成。在美容的意义上看，维生素C起到了“漂白剂”的作用。另外，维生素C还有增加血管弹性

和修复损伤组织、促进胶原形成的作用，这就保证了营养物质能够畅通地运输到脸部皮肤，促进“皮肤支架”的坚固，皱纹得以减少，光泽得以恢复。

（4）维生素C对提高小儿智商也有很大的作用。科学家通过实验发现，幼儿100毫升血液中含维生素C超过1.1毫克者，其智商的平均值为113.22，而血液中维生素C含量低于1.1毫克者，其智商的平均值为108.71，两者相差4.51。科学家又以含维生素C较高的橘子汁连续18个月供给受试的儿童饮用，他们的智商平均上升3.6。

维生素C是人体必不可少的一种营养素，每天每人需要量标准为60毫克。欧洲的一项最新研究显示，维生素C摄入量过少会对脑发育造成严重损害。人体本身不能产生维生素C，只能从食物中摄取，所以我们每天都要从外界补充一定量的维生素C。

维生素C的发现改变了人类的饮食方式，也改变了人们对疾病的认识，避免了维生素C缺乏症的困扰，确保了人类的健康。维生素C的发现是生物学史上一个重要的里程碑。

哪些食物中维生素C的含量较高？有兴趣的话，请上网查阅。

22 缓慢漂移的大陆

世间万物都在运动之中。古代的人们曾经以为头顶的日月星辰和脚下的大地都是永恒不变的。可是在现代，人们知道它们其实都是在不断演化之中。恒星的演化有其生命周期，而大陆更是在不断运动之中，创造着沧海桑田的神话。板块构造学说的诞生被公认为20世纪地质学的一场革命，而这场革命的导火索是大陆漂移学说。

早在2 000多年前，古希腊哲学家泰勒斯曾设想大陆是一个漂在水上的圆盘，也有人推想陆地就像一只在海上漂浮着的巨大木筏或船只。自从大西洋两岸首次绘制成地图以来，很多学者，如英国大司法官、著名的哲学家培根注意到大西洋两岸轮廓上的相似性，并强调这不是偶然的。法国神学家利连撒尔指出："地球在遭到大洪水以后曾发生破裂，其证据就是被海域分开的许多大陆相对两岸轮廓上的相对性。这种对应关系是如此奇特，以致如果把它们连接起来，就可以完全吻合。"到了19世纪初，近代地理学的创始人之一——德国科学家洪堡德也指出过南美洲和非洲之间海岸形状吻合。1858年，斯奈德在巴黎第一个绘出一幅大西洋周围大陆的复原图。在这幅图上，大西洋消失，非洲和美洲拼接在一起。这些学者虽然都提出了大陆漂移的想法，但毕竟是零星的，而且没有做更多的科学工作，论据并不充足，有的还带有神学色彩，所以他们的设想长期以来没有得到科学界的认可。

1910年的一天，年轻的德国气象学家魏格纳生病住院，虽然躺在病榻上，勤于思考的脑子却不肯闲下来。他的目光落在一幅西方的世界地图上，突然发现大西洋两岸的轮廓是如此的相互对应，特别是巴西东端的直角突出部分与非洲西岸呈直角凹进的几内亚湾非常吻合，而巴西东海岸每一个突出部分都恰好和非洲西岸同样形状的海岸相对应，在西海岸有一个海湾，非洲方面就有相应的突出部分。他突发灵感，认为这决非偶然的巧合，而是非洲大陆与南美大陆曾经是一块大陆，它们之间并没有大西洋，后来才破裂，漂移分开而形成大西洋。魏格纳决心用毕生精力弄清这个问题，并为之寻找科学依据。

次年秋天，他在翻阅文献时查到一篇论文，其中提到巴西和非洲有着同样的中龙、水龙兽、肯氏兽和舌羊齿等古生物化石，这更加证明这两块大陆曾经在一起，也坚定了魏格纳从事这个学科研究的信心和决心。当时，他未来的岳父、汉堡大学的著名气象学教授柯本一眼就看出，大陆漂移问题远远超出了学科界限，涉及地质、古生物、古气候、动物、地理和植物以及大地测量等一系列学科。俗话说，隔行如隔山，涉及的学科如此广博，论证起来难免力不从心。然而，勇于探索的魏格纳执意要把这个问题追究到底。

魏格纳除了发现大陆的轮廓吻合、找到古冰川和古生物证据外，更重要的是找到了地质构造上的证据。魏格纳首先考察了大西洋两岸褶皱山系和地层，发现大西洋两岸的岩石、地层和褶皱构造确实像搭积木一样可以搭配起来。例如，非洲最南端东西向的开浦山脉恰好可与南美的布宜诺斯艾利斯低山相接，这是一条二叠纪的褶皱山系。两处山地中的泥盆纪海相砂岩层、含有化石的页岩层以及冰川砾岩层都可以互相对比。巨大的非洲片麻岩高原和巴西片麻岩高原遥相对应，二者所含的火成岩和沉积岩以及褶皱延伸的方向也非常一致。此外，魏格纳还对比了印度、马达加斯加岛和非洲之间的地层构造，也同样得出程度不等的对应关系。对于这种地层和构造上彼此相接的表现，魏格纳作了一个相当浅显的比喻，好比一张被撕碎的报纸，如果按原样拼接起来，报纸上的印刷文字能阅读连贯，每个字也可拼接起来。凭这一点，我们就不能不承认这几片碎报纸原来是连在一起的。经过长达5年的穷搜博览、潜心研究，魏格纳终于把简朴粗略的大陆漂移主张发展成为一项完整而系统的理论。他认为，地球上原先有一块庞大的原始陆地——泛大陆，在它周围是泛大洋，其实就是一片广袤的海洋。后来，泛大陆分裂开来了，像浮在水上的冰块，各个部分在不断漂移，越漂越远，越分越开，最终形成了今天的大陆模样。美洲脱离了非洲和欧洲，中间留下的空隙就变成大西洋。非洲有一半脱离了亚洲，在漂移过程中，它的南端略有移动，渐渐与印巴次大陆分开，于是印度洋也诞生了。还有两块比较小的陆地离开了亚洲和非洲，向南漂去，这就是现在的澳大利亚和南极洲。今天的太平洋更早前就是泛大洋。

魏格纳所勾出的这样一幅大陆漂移的轮廓，虽然一度遭到粗野的指责和嘲讽，反对者认为大地稳如磐石，根本不可能漂移。但半个世纪后，海底扩张和板块构造学说的崛起，证实了魏格纳的观点，魏格纳也被公认为大陆漂移学说的创始人。

一种正确的理论在初期常常被当作错误而抛弃或是被当作与宗教对立的观点而否定。但无论如何，凡是正确的理论最终还会展现在人类面前。

23 抗菌素历史上的里程碑

在现代医院里，青霉素是一种极普通而常用的药物。然而，在五六十年前，青霉素却是价值千金的名贵药品。那时流行的许多传染病，如猩红热、白喉、脑膜炎等疾病严重地威胁着人们的生命。由于没有有效的治疗方法，人们只能眼睁睁地看着一个个病人悲惨地死去。青霉素的发现给那些在传染病折磨下的人们带来了生机。可以毫不夸张地说，青霉素的发现开辟了全世界现代医疗革命的新阶段。

"一战"后不久，在伦敦圣玛丽医院的一间小实验室里，一个叫亚历山大·弗莱明的苏格兰人正在忙碌。他是一位细菌学家，很久以来，他一直致力于抗菌物质的研究，试图发现白血球是怎样抗击入侵病菌，以及白血球是怎样在伤口愈合时帮助新的组织生长的。为此，他在实验室中放置了许多玻璃器皿，在里面培养着各种菌种。这位苏格兰细菌学家有个奇怪的习惯，他在初步研究自己培养的细菌后，常顺手把那些玻璃器皿随便地放置起来，过一个星期后再打开来看看是否发生变化。就在这间充满灰尘的房子里，弗莱明获得了医学史上的一个伟大发现。

1928年9月下午，弗莱明和往常一样来到实验室。他培养了一些葡萄球菌，这是一种引起传染性皮肤病和脓肿的常见细菌。弗莱明边察看菌种的生长情况，一边和一位同事闲谈。忽然，他的视线被一个培养皿吸引了。这个培养皿中原本生长着金黄色的葡萄球

菌，而此时却变成了青色的霉菌。由于实验过程中需要多次开启培养皿，弗莱明心中暗想，一定是葡萄球菌受到了污染。但奇怪的是，凡是培养物与青色霉菌接触的地方，黄色的葡萄球菌变得半透明，最后完全裂解了，培养皿中显现出干净的一圈。显然，青色霉菌消灭了它接触到的葡萄球菌。弗莱明迅速地从培养皿中刮出一点霉菌，放在显微镜下。透过厚厚的镜片，他终于发现那种能使葡萄球菌逐渐溶解死亡的菌种是青霉菌。随后，他把剩下的霉菌放在一个装满培养基的罐子里继续观察。几天后，这种特异青霉菌长成了菌落，培养汤呈淡黄色。他又惊讶地发现，不仅这种青霉菌具有强烈的杀菌作用，而且黄色的培养汤也有较好的杀菌能力。于是他推论，真正的杀菌物质一定是青霉菌生长过程的代谢物，并把它称为青霉素。此后，在长达四年的时间里，弗莱明对这种特异青霉菌进行了专门研究。结果表明：青霉素对许多能引起严重疾病的传染病菌有显著的抑制和破坏作用，杀菌作用极强，即使稀释一千倍，也能保持原来的杀菌力。它的另一个优点就是对人和动物的毒害极小。

1929年2月13日，弗莱明向伦敦医学院提交了一份关于青霉素的论文。在文中，他阐明了青霉素的强大抑菌作用、安全性和应用前景。但是，在当时的技术条件下，提取青霉素是一大难题。也许正是由于当时提取的青霉素杂质较多、性质不稳定、疗效不太显著，人们并没有给青霉素以足够的重视。弗莱明并没有失去信心，他坚信总有一天人们要用青霉素的力量去拯救生命。因此，他没有轻易丢掉培养的青霉菌，反而耐心地把它在培养基上定期传代。

20世纪下半叶，鼠疫、霍乱、肺结核等传染病十分猖獗，大批的人们死于各种传染病，人们生活在极度的恐惧和绝望之中。广大医学工作者全力以赴进行传染病研究，为了迅速了解抗菌物质研究的全部情况，1939年钱恩等人专程去图书馆查找文献，在一本积满灰尘的医学杂志上，他们意外地发现了弗莱明10年前发表的关于青霉素的文章。弗莱明关于青霉素具有良好的抗菌作用的阐述极大地鼓舞了弗洛里和钱恩。他们当机立断，把全部工作转到对青霉素的专门研究上来。经过多个不眠之夜，到了年底，钱恩和弗洛里终于成功地分离出像玉米淀粉似的黄色青霉素粉末，并把它提纯为药剂。各种实验结果证明，这些黄色粉剂稀释三千倍仍然有效。它的抗菌作用比磺胺类药物还高9倍，比弗莱明当初提纯的青霉素粉末的有效率还高一千倍，且没有明显的毒性。1940年春，他们又进行多次动物感染实验，结果都令人满意。同年8月，钱恩和弗洛里等人把对青霉素重新研究的全部成果刊登在著名的《柳叶刀》杂志上。这篇文章极大地震动了一个人，那就是青霉素的发现者弗莱明，他10年来始终密切注视着抗菌物质的研究动态。当他看到这份报告时，心中十分欣慰，毫不犹豫地把自己培养了多年的青霉素产生菌送给了弗洛里。利用这些产生菌，钱恩等人培养出了效力更大的青霉素菌株。

为表彰三位不计私利、苦心研究、不怕失败的科学家对人类作出的杰出贡献，1945年的诺贝尔生理学和医学奖授予了弗莱明、弗洛里和钱恩三人。从印度到南北美洲的各国政府和学术机构纷纷公开授予弗莱明各种荣誉称号。然而，弗莱明始终是个谦虚的人。1955年3月他死于心脏病前不久曾说过："我所到过的每一个地方，人们都热切地对我表示感谢，说我挽救了他们的生命。我实在不懂得为什么他们要这样做。大自然创造了青霉素，我只不过是发现了它的存在。"这是多么感人的朴实精神啊！

目前已知天然抗生素不下万种，青霉素就是其中之一。抗生素不仅能杀灭细菌，而且对其他致病微生物也有良好的抑制和杀灭作用。但重复使用一种抗生素，会使致病菌产生抗药性。2011年世界卫生日的主题是“抵御耐药性：今天不采取行动，明天就无药可用！”提倡大家要合理使用抗生素。

24 历尽艰难的负数

人们在生活中经常会遇到各种相反意义的量。比如，在记账时有余有亏；在计算粮仓存米时，有时要记进粮食，有时要记出粮食。为了方便，人们就考虑用相反意义的数来表示。于是人们引入了正负数这个概念，把余钱、进粮食记为正，把亏钱、出粮食记为负。可见，正负数是生产实践中产生的。

据史料记载，早在两千多年前，我国就有了正负数的概念，并掌握了正负数的运算法则。我国三国时期的学者刘徽在建立负数的概念上有重大贡献。刘徽首先给出了正负数的定义，他说："今两算得失相反，要令正负以名之。"意思是说，在计算过程中遇到具有相反意义的量，要用正数和负数来区分它们。

刘徽第一次给出了区分正负数的方法。他说："正算赤，负算黑；否则以邪正为异。"意思是说，用红色的小棍摆出的数表示正数，用黑色的小棍摆出的数表示负数；也可以用正摆的小棍表示正数，用斜摆的小棍表示负数。负数的引入是我国数学家杰出的贡献之一。

用不同颜色的数表示正负数的习惯一直保留到现在，现在一般用红色表示负数，例报纸上登载某国经济上出现赤字（赤即表示红），表明支出大于收入，财政上亏了钱。

负数在国外得到认识和承认，较之中国要晚得多。与中国相仿，印度人也很早就认识了负数，世界其他各民族对负数的认识都

远远落后中国和印度。负数产生之后，很快传入了阿拉伯国家。由于负数在实际应用中的巨大作用，以及负数运算法则的直观可靠性，不仅没有引起计算的混乱，而且给运算以新的活力。它的这些优点得到了阿拉伯人的充分肯定，他们不仅大胆地使用负数，而且还将负数热情地传入欧洲。

虽然负数在中国、印度、阿拉伯人那里被视为“宠儿”，但传入欧洲后却备受冷落，久久得不到欧洲数学家们的承认。即使是被称为“代数学鼻祖”的古希腊数学家丢番图，也把方程的负数解说成是“荒唐的东西”而加以舍弃。意大利数学家斐波那契在解决有关某人盈利的问题时，说：“我将证明这个问题不可能有解，除非承认这个人可以负债。”言下之意，他并不打算承认这一点。另一位数学家卡当虽然承认方程可以有负根，但他却认为负数是“假数”。无独有偶，法国著名数学家笛卡儿也把方程的负根称为“假根”，因为负数代表着比“无”还少的数。18世纪以前，大多数欧洲数学家对负数持保留态度。他们被当时所盛行的机械论框住了思想，认为零才是最小的量，比零还小的量是不可思议的。甚至到了1831年，著名的英国数学家德·摩根还坚持认为负数是虚构的。他用以下的例子说明这一点：“父亲56岁，其子29岁。问何时父亲年龄将是儿子的二倍？”他列方程$56+x=2(29+x)$，并解得$x=-2$。他称此解是荒唐的，并把出现负根说成是“问题的提法本身就有毛病”。

负数在欧洲受到极不公平的冷遇，直到一些数理逻辑学家进行整数研究，为负数奠定了逻辑基础，自此才确立了负数在欧洲数学中的地位。这种从基础上考虑数的实在性的做法，正是现代数学的特征，这是古代数学所不能达到的。“如果说古代中国、印度数学家为引进负数作出了巨大贡献的话，那么在数学上给负数以应有地位的还是欧洲的数学家们。”负数虽历尽艰难，但最终还是登上了欧洲数学的大雅之堂。

在现今的中小学教材中，负数的引入是通过算术运算的方法引入的：只需以一个较小的数减去一个较大的数，便可以得到一个负数。这种引入方法可以在某种特殊的问题情景中给出负数的直观理解。在实际生活中，我们经常用正数和负数来表示意义相反的两个量。如，珠穆朗玛峰比海平面高8 848米，可以记作+8 848米，比海平面低155米的新疆吐鲁番盆地的高度应表示为–155米。地球表面的最低气温在南极，零下88.3 ℃，记作–88.3 ℃。

负数概念源于生活，又服务于生活，生活是科学发展的动力。

25 神奇的莫比乌斯带

数学上流传着这样一个故事：有人曾提出，先用一张长方形的纸条，首尾相粘，做成一个纸圈，然后只允许用一种颜色，在纸圈上的一面涂抹，最后把整个纸圈全部抹成一种颜色，不留下任何空白。那么，这个纸圈应该怎样粘？

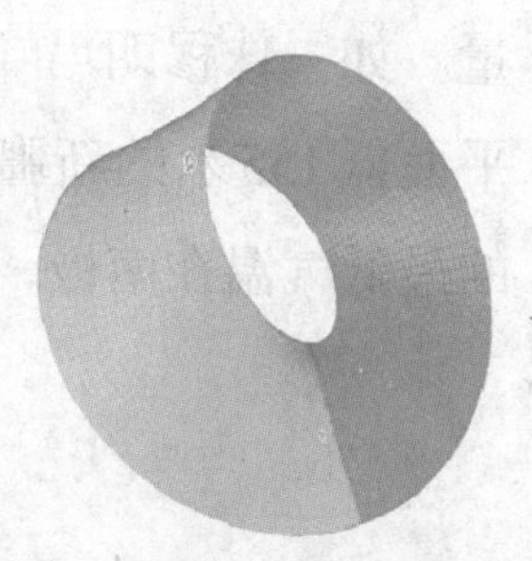

首尾相粘的纸圈

如果是纸条的首尾相粘做成的纸圈有两个面，势必要涂完一个面再重新涂另一个面，就不符合涂抹的要求。那么能不能做成只有一个面、用一条封闭曲线做边界的纸圈呢？

对于这样一个看来十分简单的问题，数百年间，曾有许多科学家进行了认真的研究，结果都没有成功。后来，德国的数学家莫比乌斯对此发生了浓厚兴趣，他长时间专心思索、试验，但仍毫无结果。

有一天，他被这个问题弄得头昏脑涨，便到野外去散步。一片片肥大的玉米叶子在他眼里变成了“绿色的纸条儿”，他不由自主地蹲下去，摆弄着、观察着。叶子弯曲着耷拉下来，有许多扭成半圆形的，他随便撕下一片，顺着叶子自然扭的方向对接成一个圆圈儿，他惊喜地发现，这“绿色的圆圈儿”就是他梦寐以求的那种圆圈。莫比乌斯回到办公室，裁出纸条，把纸的一端扭转180°，再将一端的正面和背面粘在一起，这样就做成了只有一个面的纸圈。圆圈做成后，莫比乌斯捉了一只小甲虫，放在上面让它爬。结果，小甲虫不翻越任何边界就爬遍了圆圈的所有部分。莫比乌斯圈就这样被发现了。

莫比乌斯带有很多奇妙之处：

（1）莫比乌斯带只存在一个面。

（2）如果沿着莫比乌斯带的中间剪开，将会形成一个比原来的莫比乌斯带空间大一倍的、具有正反两个面的环，而不是形成两个莫比乌斯带或两个其他形式的环。

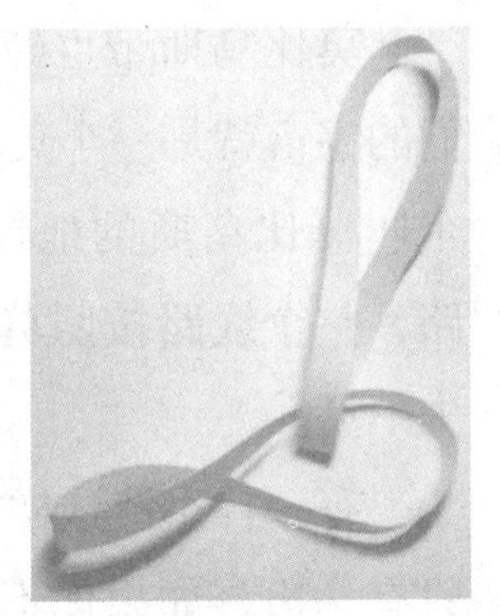

两条莫比乌斯带

（3）如果继续沿着带的中间剪开，将会形成两个与刚才的环空间一样的、具有正反两个面的环，且这两个环是相互套在一起的。

（4）如果你把带子的宽度分为三份，并沿着分割线剪开的话，会得到两个环，一个是窄一些的莫比乌斯带，另一个则是一个旋转了两次再结合的环。

莫比乌斯带不仅好玩有趣，而且还被应用到生活中的方方面面，如有些过山车的跑道、莫比乌斯爬梯、中国科技馆的标志性物体三叶扭结采用的就是莫比乌斯原理。

过山车跑道

爬梯

三叶扭结

1979年，美国著名轮胎公司百路驰创造性地把传送带制成莫比乌斯圈形状，这样一来，整条传送带环面各处均匀地承受磨损，避免了普通传送带单面受损的情况，使其寿命延长了整整一倍。

莫比乌斯圈循环往复的几何特征，蕴含着永恒、无限的意义，因此常被用于各类标志设计。垃圾回收标志就是由莫比乌斯圈变化而来。

莫比乌斯带也经常出现在科幻小说里面，科幻小说常常想象我们的宇宙就是一个莫比乌斯带。由A. J. Deutsch创作的短篇小说《一个叫莫比乌斯的地铁站》为波士顿地铁站创造了一个新的行驶线路，整个线路按照莫比乌斯带方式扭曲，走入这个线路的火车都消失不见。

有一首小诗这样描写了莫比乌斯带："数学家断言，莫比乌斯带只有一边，如果你不相信，就请剪开一个验证，带子分离时候却还是相连。"

同学们是不是觉得莫比乌斯带充满了奥秘呢？有兴趣的同学可以在网络上找出有关莫比乌斯带的知识，然后和老师、同学们一起去研究。

26 惯性定律的发现过程

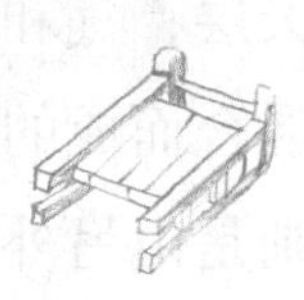

惯性定律萌芽于古希腊，在我国的先秦时期也记载了“静者恒静，动者恒动”的思想。到了近代，惯性定律首先被伽利略发现，后经笛卡儿、伽桑狄等人的不断完善，最后由牛顿综合整理为牛顿第一定律。由此可见，惯性观念的发展与时代的宇宙图景有紧密的联系。惯性定律的发现也标志着近代物理学的开始。有学者认为，从历史的角度来看，惯性定律可以说是首次使近代力学的建立变为可能的“原理”。还有人认为，“惯性观念的改变是古代与中世纪的自然哲学过渡到近代物理学的最重要标志”。在惯性定律的学习中，惯性、惯性定律的发现在大大简化的同时；不可避免地导致了一些误解。本文将对惯性、惯性定律的发现过程进行梳理。

一、亚里士多德——力是物体运动的原因

亚里士多德

亚里士多德是古希腊哲学家、科学家。在古希腊哲学和科学史上，他曾是最博学的人物，对现代物理学思想的考察都绕不开他。他把位置移动这类运动区分为自然运动和强制运动两种，地面上物体的自然运动是沿竖直方向上升或下降的运动，这些物体是气、土、火、水这四大元素组成的。土由于具有重性，要沿竖直方向向下降到其自然位置即宇宙的中心，并

环绕着此中心累积为地球；火由于具有轻性，要竖直方向上升到其自然位置即月球天层；气和水则留居在中间的位置上。一般的物体是由这四种元素混合而成的，它们的自然位置由其中的主要成分决定。天上的星体则是由另外一种叫做“以太”的元素组成的，它的本性与地上的四大元素不同，使得天体的自然运动采取匀速圆周运动的形式。

亚里士多德认为地上的物体除了直上直下的自然运动之外，所有的其他形式的运动都属于强制运动，这种形式的运动必定受到自身以外的实体的推动，即力是物体运动的原因。亚里士多德举例说，石头抛在空中仍然能运动，是因为为了防止石头后面产生真空，空气流到石头后面，在流动过程中，空气推动石头以维持石头的运动。他并由此推论真空是不可能存在的。

亚里士多德的这些言论在我们现在看来是非常怪异和荒诞的。但是我们必须从历史角度来看待他，他重视经验、从现实世界出发的做法在当时推崇理性思辨、轻视经验的时代是非常进步的。

二、伽利略发现惯性定律

亚里士多德认为物体运动的速度与物体的重量成正比。伽利略除了利用“落体佯谬”来批驳这一观点外，还利用“冲淡重力”的斜面实验来研究落体运动的规律。他在斜面实验的基础上，设计了我们熟知的推出惯性定律的斜面理想实验。伽利略在《关于两门新科学的谈话和数学证明》中根据以上实验得出以下结论：任何速度一旦施加给一个运动着的物体，只要除去加速或减速的外因，此速度就可保持不变；不过，这是只能在水平面上发生的一种情形，因为在向下倾斜的平面上已经存在

伽利略

加速因素，而在向上倾斜的平面上则有减速的因素。由此可见，在水平面上的运动是永久的，因为，如果速度是匀速的，它就不能减小或缓慢下来，更不会停止。伽利略就是这样把实验、物理思想与数学演绎有机地结合起来推出了惯性定律。他的研究方法开辟了物理研究的先河。爱因斯坦是这样评价的：伽利略的发现以及他所应用的科学的推理方法是人类思想史上最伟大的成就之一，而且标志着物理学的真正开始。

但对伽利略的惯性定律仔细分析可以发现，他的惯性定律是不彻底的，带有明显的“圆惯性”痕迹。他认为物体等速运动的路线是一个各部分一定和地心等距离的水平面，而不是直线。他在论及天体时认为，只有静止和圆周运动用于维持宇宙秩序。天体的圆周运动也是惯性运动。由此可以看出伽利略地上的惯性是正确的，而天上的惯性却是错误的。

三、笛卡儿提出惯性定律

与伽利略不同的是，笛卡儿试图从力学的一些基本原理出发，通过数学演绎推导出各种自然现象来。笛卡儿认为整个物理宇宙好比一个钟表机构。这架机器一旦建成并由上帝启动后，它将不再需要旋紧发条或任何修理而无休止地运动下去。为了确保这架宇宙机器不致慢下来，笛卡儿论证说，一定存在一个运动量守恒原理。笛卡儿根据这一思想提出了惯性定律：如果物体处在运动之中，那么如果无其他原因作用的话，它将继续以同一速度在同一直线上运动，既不停下也不偏离原来的方向。笛卡儿的论述突破了伽利略所设想的“水平面”的局限，因此一般认为笛卡儿《哲学原理》的出版标志着近代惯性

笛卡儿

原理的提出。然而他把原因归于上帝，认为是上帝赋予物体这一特性。他虽然正确地提出了惯性定律，但他的前提是错误的。

四、牛顿第一定律

牛顿

除了伽利略、笛卡儿以外，开普勒、伽桑狄都对惯性做过研究，这些对牛顿后来的思想产生过影响。从内容看，牛顿第一定律和惯性定律没有什么不同，但是发现了惯性定律并不等同于发现牛顿第一定律。这是因为牛顿运动三定律（牛顿第二运动定律、第三运动定律我们将在高中学习）是一个整体，它们作为牛顿力学的基础是彼此紧密联系在一起的。牛顿从研究惯性定律起到最后提出第一定律止，花了他20年的时间。在这段时间里，他研究发现了惯性质量或惯性力并将它与惯性运动区别开来。牛顿在《自然哲学的数学原理》一书里，对第一定律是这样陈述的：“每个物体继续保持静止或沿一直线做等速运动状态，除非有力加其上迫使它改变这种状态。”牛顿在他的二定律和万有引力定律的基础上把天上的、地上的物体运动统一起来，完成了物理学上第一次大综合。

五、爱因斯坦对牛顿第一定律的修正

仔细分析牛顿第一定律不难发现，如果不知道什么是“力”的话，这一命题将是毫无意义的。为了避免使用“力”这个未加精确定义的概念，爱因斯坦曾经把惯性定律表述为“一物体在离其他物体都足够远时，一直保持静止状态或匀速直线运动状态”。这样表述的惯性定律具有更普遍的意义，它的有效性超出了经

爱因斯坦

典力学的范畴。

从上面分析可以看出，惯性定律有一个复杂的、长期的演变过程。当然，它还将随着实践的发展而不断变化。惯性定律是这样，其他概念、规律的发展也是这样。我们只有知晓科学概念、规律的进展过程，才能体验到科学发展过程中的艰辛，才能形成正确的科学态度和科学精神。

> 一个伟大定律的发现过程是众多科学家不断探索和完善的过程，凝聚着一代代科学家的心血，是科学家思维的结晶。我们在学习科学时也要像科学家那样坚持不懈地研究，最终领略科学的真谛。

27 细胞学说的创立

早在17世纪，显微镜问世之初，英国物理学家罗伯特·胡克（R. Hooke，1635—1703）就在自制的显微镜下看到软木薄片是由许多蜂窝状的小结构组成的。他将这些小结构命名为“细胞”，这是“细胞”一词的第一次出现。细胞的存在已是众所周知的事实，虽然在此后的100多年间，许多学者对动、植物细胞进行了广泛的观察，但并未得出规律性的概念，对细胞的内在结构、功能及其在生物体内的地位还不太清楚。细胞学说最初是由德国植物学家施莱登（M. J. Schleiden，1804—1881）和动物学家施旺（T. A. H. Schwann，1810—1882）提出的。

罗伯特·胡克制作的显微镜

施莱登1804年生于汉堡的一个医生家庭。他早年学的是法律，在汉堡做过一段时间的律师，但他并不喜欢这份工作。1883年，他决定改行，在哥廷根大学和柏林大学学习植物学和医学。在这期间，他对植物学产生了浓厚的兴趣。1837年，施莱登完成了一篇论文，该论文论述了显花植物的胚芽发育史。他强调：研究植物学必须摒弃抽象推论的方法，而应代之以严密的观察，并在观察的基础上进行严格的归纳。在当时，植物学仍然以研究分类学的工作为主，而施莱登已开始研究植物的结构和植物的发育了。

1838年，施莱登开始研究细胞的形态及其作用。同年他发表了

《植物发生论》一文，在该文中，他提出：无论怎样复杂的植物体，细胞是一切植物的基本构造。低等植物由单个细胞构成，高等植物则由许多细胞组成。细胞不仅本身是独立的生命，并且是植物体生命的一部分，并维系着整个植物体的生命。施莱登同时认识到了细胞核的重要性，并观察到细胞核与细胞分裂存在着某种联系。他还描述了细胞中活跃的物质运动，即现在所说的原生质川流运动。

细胞学说创始人——施莱登(左)、施旺(右)

在1838年10月的一次聚会上，施莱登把还未公开发表的《植物发生论》中对有关植物细胞结构的情况，以及细胞核在植物细胞发育中的重要作用等方面的认识告诉了同在弥勒实验室工作的施旺，引起了施旺的极大兴趣。

施旺于1810年生于莱茵河畔的诺伊斯，父亲是一个金匠。施旺中学毕业后去学医，1834年获得博士学位后，成为著名生理学家弥勒的助手。

施旺受到施莱登的启发，结合自身对动物细胞的研究，首先着手证明动物细胞中细胞核的存在。在当时的条件下，观察动物细胞远比观察植物细胞要困难得多，因为动物细胞非常小，通常都很透明，不宜观察。尽管如此，施旺还是证明了在众多动物的组织形态中，都有细胞核的身影。1839年，他发表了题为

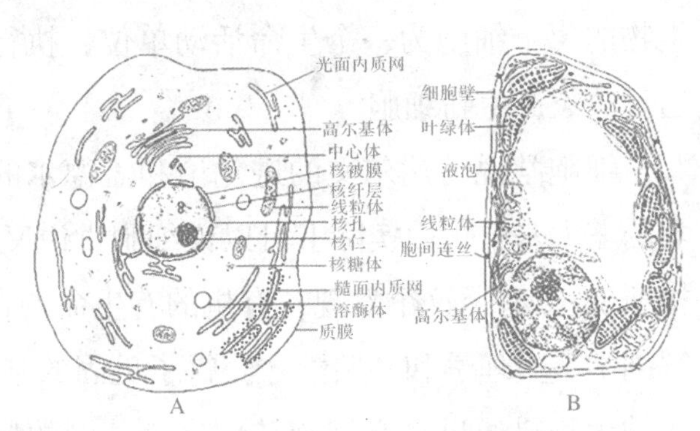

A. 动物细胞　　B. 植物细胞

细胞结构模式图

《动、植物结构和生长的一致性的显微研究》的论文，把细胞说扩大到动物界，指出一切动、植物组织，无论彼此如何不同，均由细胞组成。他写道："我们已经推倒了分隔动、植物界的巨大屏障，发现了基本结构的统一性。"他认为，所有的细胞，无论是植物细胞还是动物细胞，均由细胞膜、细胞质、细胞核组成。

在1838—1839年，施莱登和施旺分别发表了有关植物细胞和动物细胞基本认识的专著。他们两人取得完全一致的看法，创立了细胞学说，即一切植物和动物都是由细胞构成的，细胞是生命结构和功能的基本单位。

细胞学说一经确立，马上显示出其极强生命力，大大促进了生物学的发展，十几年里被迅速推广，并日臻完善。1855年，德国病理学家魏尔肖（R. C. Virchow，1821—1902）提出"一切细胞来自细胞"的著名论断，简单明了地概括了细胞学说，彻底否定了传统的生命自然发生说的观点。19世纪50年代，德国医生德马克等人把细胞学说和胚胎学结合起来研究，发现了细胞分裂，进一步完善了细胞学说。

现今的细胞学说包括三方面内容：细胞是一切多细胞生物的基本结构单位，对单细胞生物来说，一个细胞就是一个个体；多细胞生物的每个细胞为一个生命活动单位，执行特定的功能；现存细胞通过分裂产生新细胞。

细胞学说与达尔文的进化论和孟德尔的遗传学被称为现代生物学的三大基石，而实际上可以说细胞学说又是后两者的"基石"。恩格斯说："有了这个发现，有机的有生命的自然产物的研究——比较解剖学、生理学和胚胎学才获得了巩固的基础。"细胞学说使千变万化的生物界通过具有细胞结构这个共同的标准特征而统一起来，同时有力地证明了生物彼此之间存在着亲缘关系，为生物进化理论奠定了基础。恩格斯认为细胞学说的建立是最令人信服地检验了辩证唯物主义的正确性。他把“细胞学说、进化论、能量守恒和转化定律”列为19世纪自然科学三个最伟大的发现。

此后，在细胞学说的基础上，人们对生物界进行了更深入的研究，发现了细胞的全能性，即任何细胞都具有发育成完整个体的潜在能力。根据这一理论，人们发展了组织培养、克隆技术等高科技的生物技术。

细胞学说的创立过程给了我们启示：实践是一个复杂的过程，任何真理都会受到人类实践水平和范围以及认识能力的限制。细胞学说的提出对生物科学的发展具有重大的意义。细胞学说论证了整个生物界在结构上的统一性，以及在进化上的共同起源，有力地推动了生物学向微观领域的发展。

28 血液循环的发现

人体内的血液是怎样流动的？几千年来人们一直在不断地探索。我国《内经》中就有“心主身之心脉”、“诸血皆属于心”的心说。古希腊学者希波克拉底（Hippocrates，约公元前460—公元前370）认为，脉搏是血管运动引起的，而且血管连通心脏。亚里士多德认为心脏是智慧的所在地，并给血液以热量。但是他们都认为动脉内充满了由肺进入的空气，因为在他们解剖的尸体中，动脉中的血液都已流到静脉。古罗马医生盖仑（Claudius Galen，129—199）解剖活动物，将一段动脉的上下两端结扎，然后剖开这段动脉，发现其中充满了血液，从而纠正了古希腊流传下来的错误看法。盖仑创立了一种血液运动新理论，认为食物营养由肠送到肝脏后，在那里变成静脉血，经过静脉送到心脏右侧，再从心脏中隔的小孔流到左侧，碰到从肺部来的新鲜空气，再经过由上帝赐给的热的作用，变成充满着“生命灵气”的动脉血，然后从动脉送到全身。盖仑提出：血液的流动是以肝脏为中心的，血液在血管的流动就像潮水般一阵阵向四周涌去，最后在身体四周被吸收消失。盖仑的学说正好符合宗教的需要，因而被纳入基督教的教义，被奉为“圣经”而不可逾越，关于血液流动的继续探索就此停止了一千多年。

16世纪中叶，比利时医生、解剖学家维萨里（Andreas Vesalius，1514—1564）在解剖实验中发现心脏的中隔很厚，没有可见的孔道，提出：盖仑关于左心室与右心室之间有小孔相通的观点是错误的。维萨里以大无畏的精神冲破当时教会的禁令，向盖仑的理论提出挑战，在1543年出版了《人体的结构》一书。但是他本人的结局是十分悲惨的，教会迫使他去耶路撒冷朝圣赎罪，结果他不明不白地死于旅途中。

维萨里在巴黎大学读书时结交的好友西班牙人赛尔维特（Michael Servetus，1511—1553）继续进行了当时被禁止的人体解剖实验。他发现，血液从右心室经肺动脉进入肺，再由肺静脉返回左心室，这一发现被称为肺循环。赛尔维特在发现血液循环的道路上迈出了第一步。1553年，他秘密出版了《基督教的复兴》一书，用6页的篇幅阐述了自己的发现，推翻了盖仑的心脏中隔有筛孔的论点，这也触犯了当时权威的盖仑学说。1553年10月27日，年仅42岁的赛尔维特被宗教法庭判处火刑，活活烧死，而且在被烧死前还被残酷地烤了两个小时。

1574年，意大利解剖学家法布里修斯（Fabricius，1537—1619）公开出版了著作《论静脉瓣膜》。在这部书中，他详细描述了静脉内壁上的小瓣膜，它的奇异之处在于永远只朝着心脏的方向打开，而向相反的方向关闭。遗憾的是法布里修斯没有认识到这些瓣膜的意义，他仍然信奉着盖仑学说。科学的血液循环学说的建立还是留待他的一个学生在他逝世9年后完成的，这就是英国人威廉·哈维（William Harvey，1578—1657）。

哈维于1578年4月1日生于英国一个农民家庭。他曾在意大利帕多瓦（Padua）大学向法布里修斯学习解剖学。帕多瓦大学素以政策开明、学术自由著称。维萨里开创的亲自动手做解剖实验的方法，为这所大学的医学院吸引了一大批好学的青年。哈维留学期间，伽利略正在帕多瓦大学任教。这位近代实验科学大师所倡导的

威廉·哈维

“实验—数学”方法和力学自然观，对许多学科领域产生了很大的影响，哈维亦获益匪浅。他懂得了：无论是教授解剖学或是学习解剖学，都应以实验为依据，而不应以书本为依据。哈维是个观察敏锐的人。有一次，他的朋友被匕首割断了动脉，血液从动脉喷出来，与血液从静脉中平静地流出的学说完全不同。这促使他重新思考血液循环的问题，并对心血管系统进行了认真的研究。

哈维的研究立足于实践，他先后解剖了80多种动物，在详细研究各种动物的血液循环后，又把精力集中到人体。1628年，哈维发表了《动物心脏及血液运动的解剖学研究》，在这部只有72页的小书中系统地总结了他所发现的血液循环运动的规律及其实验依据。他对人体进行了著名的结扎实验：用绷带扎紧人的动脉，结果发现结扎的上方靠心脏那段动脉鼓起来，而且每一次心跳就有一次脉搏；相反，在结扎的下方，即远离心脏那一段动脉就瘪下去，没有血液，也没有脉搏。实验证明，血液是由心脏流来的。哈维又用结扎实验来观察静脉，情况刚巧相反。一系列的实验说明，动脉血从心脏流出，静脉血流进心脏；而血液在血管中一刻不停地始终朝着一个方向流动。

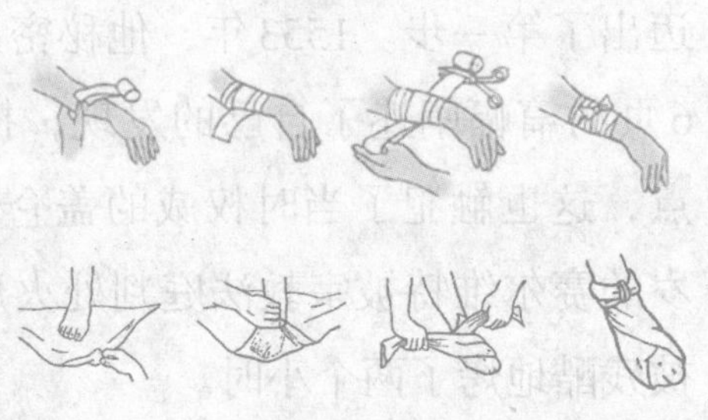

绷带的正确使用

哈维从三个角度论述了他的学说：（1）由于心脏的活动，血液被不断地从静脉输送到动脉，其量之大是不可能由被吸收的营养物来提供的，而且全部血液是以很快的速度通过心脏的。如果心室的容量为56.8克，心跳72次/分钟，则每小时由心脏压出的血液应为245.376千克。这么大的血量不可能马上由摄入体内的食物供给，肝脏在这么短的时间内也绝不可能造出这么多的血液来。(2) 血液在动脉脉搏的影响下连续不断地、均匀地流经身体各部分，其量大大超过提供营养之需，也不是全身液体所能供给的。捆扎手臂的实验证明，血液是从动脉流到四肢以及身体其他各部分的。(3) 静脉从身体各部分把血液不断地送回心脏。哈维阐明了静脉中瓣膜的真正意义在于防止血液从较大的静脉流至较小的静脉；防止血液由中心部位流向四周部位；只让血液由较小的静脉流向较大的静脉，由四肢、头部等处流向心脏。

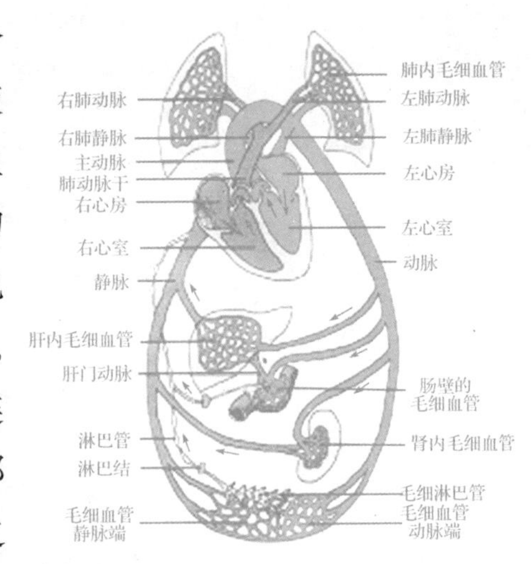

人体血液循环图

虽然哈维发现了血液循环规律，但是在当时的条件下，他并不能清楚地了解血液是怎样由动脉流到静脉的。在他逝世后，显微镜才得到改进，意大利的解剖学家马尔比基（Marcello Malpighi，1628—1694）在1661年发现了蛙肺部的毛细血管，从而进一步完善了哈维的血液循环学说。

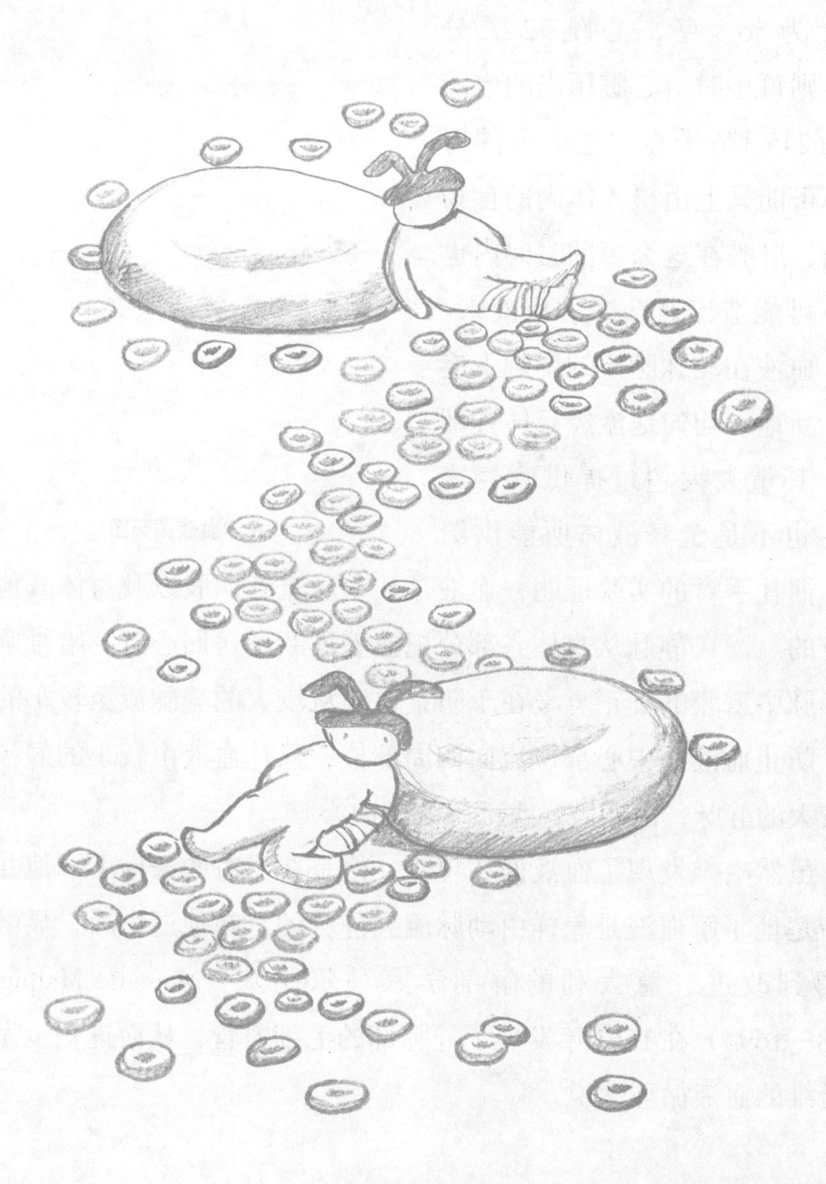

从古希腊时期开始，人们就开始探索血液循环之谜，并且一直未曾间断。无数的生物学家和医学家都为此付出了艰辛的努力，直到1628年，人们才得到相对正确的答案。尽管通向真理的道路如此坎坷不平、荆棘丛生，可仍有为寻找真理而不怕艰难，不怕牺牲的追求者。血液循环的发现历程同时给了我们启示：人们只有在总结前人经验的基础上大胆创新，从实际出发，在实践中坚持真理，并不断将新的理论方法应用于实践，才能取得最终的成功。

29 追溯粒子

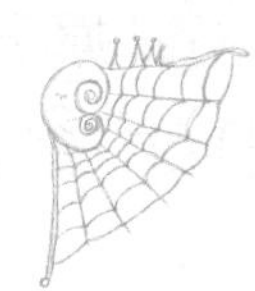

很久很久以前，人类就提出这样的问题：世界是由什么构成的？从此人类开始了漫长的思考和探索过程。祖先们曾经把一块石头逐渐砸成粉末，看看最终会得到什么，千万年过去了，如今人类制造出了名叫“大型强子对撞机”（LHC）的巨大机器，它可能会撞碎“最小粉末”。

大型强子对撞机

人类探索粒子世界的过程，经历了从猜想到称量，到碰撞，再到理论猜想，最后又是碰撞的过程。不过猜也不是瞎猜，撞更不是撞运气，随着人类社会和科技的发展，我们逐渐对物质世界的本源有了越来越深入的认识。但是远远还没有到头，随着LHC的建成运转，人类又站在了一个全新的门槛上。

一、猜想，“原子论”VS“元素说”

古希腊人认为宇宙万物由水、火、土、气组成，称为“四元素说”。在古代中国，人们认为宇宙万物由金、木、水、火、土“五行”组成。这些元素的概念混杂了事物本身和它的感官特性。

而“原子论”和“元素说”针锋相对，古希腊哲学家留基伯、德谟克利特和稍后的伊壁鸠鲁都曾提出“世界是由原子组成的”。其中，德谟克利特的学说最有名，他认为，一切物质都由微粒组成，

这种微粒无限小，世上没有比它再小的东西。这也就是原子。无数的原子在无限的空间或“虚空”中运行；原子是永恒存在的，没有起因，“不可分”，也看不见，相互间只有形状、排列、位置和大小之区别。

古代的原子说更接近现代的科学理论，但是那只是“猜准了”。实际上，“元素说”更接近人的感官体验和思维模式，所以在很长时间里一直占主导地位。

二、称量，实验方法正式登场

17世纪，人类进入科学时代，伽利略开创了把“思维实验”的结果用真实的物理实验验证，并用数学方式来描述物理过程的科学方法。后来，这套方法也被用在探索物质的组成部分上。

道尔顿

1803年，英国小学算术教师道尔顿提出了自己的“原子论”。他认为，化学元素均由不可再分的微粒组成。这种微粒称为“原子”。原子在一切化学变化中均保持其不可再分性。这回猜得比以前更准，因为它有一个科学依据——“倍比定律”：如果甲、乙两元素能相互化合生成几种不同的化合物，则与一定量甲元素相化合的乙元素的质量互成简单整数比。简单地说，那时对原子的认识，建立在对化学物质的称重上。

19世纪中叶，通过这套称重的方法以及对所谓“原子量”的想象，头发乱蓬蓬的俄罗斯化学家门捷列夫绘制了无比美丽的元素周期表。

三、碰撞，把粒子装进“大炮”

在19世纪末，放射性元素逐一被发现。“原子会裂变”这一事实击破了原子不能再分的传统观念。1897年，英国科学家汤姆森用X光轰击气体，随后出现的电离现象，让他猜测存在“电子”。后来他又用阴极射线管偏转实验证明了这一点。

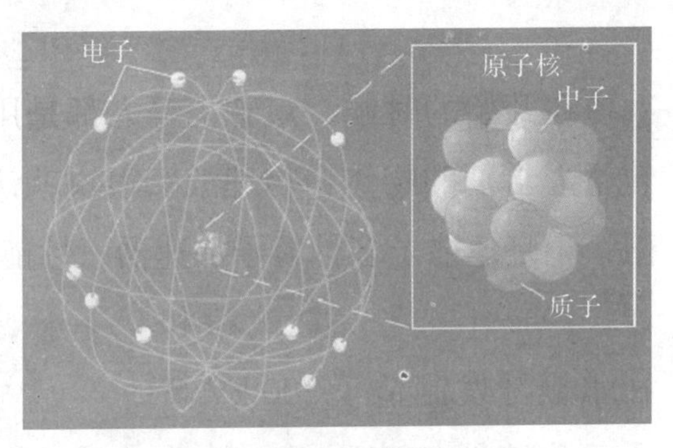

原子核示意图

1911年，卢瑟福和盖革用α粒子轰击金属箔，并用荧光屏记录粒子散射现象的情况。他发现大部分α粒子按直线透过金属箔，只有极少一部分α粒子被反弹回来或偏转很大角度。这个实验充分说明原子内有很大空间，而正电荷部分集中在原子中心极小的球体内，这一球体占原子质量的99%以上，从而发现了原子核。1919年，卢瑟福发现了质子；1932年，查德威克发现了中子。质子和中子统称“强子”，就是“大型强子对撞机”里的那个“强子”。

总之，人类对原子结构的发现一开始就离不开“撞”，开始的时候用天然射线撞物质，用微粒撞荧光屏，后来发展成用电磁场加速粒子去撞别的东西。

四、既撞又想，科学家们分道扬镳

光“撞”还是不成的，还要“想”，就是开动脑筋。通过“撞”的结果，想象原子里面是个什么样子。当然，它要有严谨的科学依据，还要通过科学检验才能被承认。

此时，物理分成了“实验物理”和“理论物理”两个系统。在粒子物理学中，实验物理学家主要管“撞”，理论物理学家主要管“想”。到了现在，实验物理学家和理论物理学家已经完全分开了，一个只“撞”不“想”，一个只“想”不“撞”。

波尔提出的量子学说告诉我们电子的能量是一份一份的，这让

人类习惯于“无级变速”的“模拟电路”大脑难以接受；后来德布罗意又告诉我们微粒具有“波粒二象性”；海森堡提出了一个“测不准原理”；薛定谔又过来告诉我们原子世界里的猫可以既死又活……

五、继续撞，让撞击来得更猛烈些

在开始的时候，卢瑟福等人都是用天然放射性元素放射出来的粒子轰击别的物体，物理学家很快就认识到天然放射性粒子能量有限，于是建造了多种粒子加速器，性能不断提高。

1932年，考克饶夫特和瓦尔顿开发制造了700 kV高压倍加速器加速质子。科学家们说：让撞击来得更猛烈些吧！他们知道对撞的能量肯定要大于单方碰撞的能量，于是在加速器的基础上又设计制造了粒子对撞机。

粒子对撞机

1961年，最早的两台正负电子对撞机建成运转。通过撞击，又发现了很多新的粒子和新的现象，其中有些是之前的理论已经提出的，有些是全新的。更厉害的“撞”发现的新东西，让物理学家们不得不更努力地“想”。

六、继续想，建立“标准模型”

物理学家发现了无穷无尽的粒子或粒子族。这连物理学家都感到有些不舒服。当有个学生问费米某个粒子的名字的时候，他回答说：“要是我记得清这些粒子的名字，我就成了植物学家了。”

20世纪70年代，物理学家建立了粒子物理的“标准模型”。这个模型显得有些笨拙，也一直有人对它提出质疑。但已经得到了多数人的认可，因为它较符合实验结果。

但是，有一个问题，标准模型中还有一个叫“希格斯粒子”的东西还没有在实验中被找到，如果这个东西不能被证明存在，“标准模型”的一个重要前提将会无法立足。怎么办？接着“撞”吧。

七、结论，最终还得靠撞

LHC的建成肯定会发现新的物理现象。第一，可能会发现希格斯粒子；第二，可能发现超对称现象——LHC可能会撞出一个粒子和它的超对称伙伴粒子，从而发现“超对称现象”。

通过LHC等研究设备的帮助，我们能最终建立起像元素周期表一样完美的“基本粒子表”吗？如果真的发现希格斯粒子，还是有可能建成很闭合的理论体系的，但也有可能发现了全新的现象，建立全新的理论。

那么，最终有可能建立一种粒子理论，让普通人也能明白吗？这有可能吗？但那些夸克、希格斯粒子、强力、弱力……同学们，如果去学，肯定会懂的。试试看吧！

阅读了这篇文章，同学们是不是感觉到粒子世界真是奥妙无穷，长大了我们也要去研究、去看看、去猜猜，究竟物质的内部有些什么“好玩”的东西。

物质的内部奇妙无比，引无数科学家去不断地探索，浩瀚的宇宙同样存在着许许多多未解之谜：UFO是怎么回事？外星人真的存在吗？他们光顾过地球吗？黑洞是什么？人们将来能否移居到别的星球？……同学们，自然界的奥秘，正等着你们去发现、去思考。

30 孟德尔定律重新发现

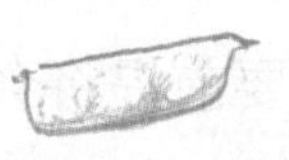

孟德尔的故乡素有"多瑙河之花"的美称，村里人都爱好园艺，孟德尔幼年的大部分时间是在他父亲的花园里栽培植物中度过的，自幼养成了种植花木的兴趣。观察植物，孟德尔常想："究竟是什么原因使得不同的树木、果实和花朵有各种颜色和形状呢？"带着这些问题，孟德尔进了当地的小学。当地学校把自然课程列入到教学内容中，从而让他在小学就有机会学到这方面的知识。1843年大学毕业后，孟德尔进入了设在布鲁恩的圣托马斯修道院，修道院前有一个花园，对于孟德尔来说，这个花园简直是天上掉下来的礼物，他在这里度过了他全部的空闲时间，他一边自学，一边观察、培育每一株花木。

G. J. 孟德尔

孟德尔并不满足于修道院的生活，他想学，也想教，于是，他报名参加教师资格考试，结果却被淘汰了。主考官们认为："该考生置专门的术语于不顾，他使用他自己的语言，表达他自己的观念，而不依赖传统的知识。"然而，正是孟德尔的独创性，对传统的不依赖性，使得他在后来的日子里独辟蹊径，发现了遗传学的两条定律，提出了遗传因子的科学假设，为现代遗传学大厦的建成奠定了第一块基石。

1851—1853年间，孟德尔到维也纳大学学习数、理、化和生物学知识。在那里，奥地利植物学家翁格讲授的“植物生理学与显微技术”，使他认识到细胞学说的伟大意义，对他后来发现遗传规律有深刻影响。1853年，孟德尔回到修道院。

在孟德尔生活的时代，欧洲有许多园艺家做了大量的杂交实验以培养蔬果花卉的新品种，但是都找不出杂种及其后代所表现出的遗传和变异规律，因而不能预见杂交产生的后果。

1856年，孟德尔开始了长达8年的豌豆实验。孟德尔首先从许多种子商那里，弄来了34个品种的豌豆，从中挑选出22个品种用于实验。它们都具有某种可以相互区分的稳定性状，例如茎秆、花色、叶子、花柄、豆荚、种子的形态等。

孟德尔通过人工培植这些豌豆，对不同代的豌豆的性状和数目进行细致入微的观察、计数和分析。经过8个寒暑的辛勤劳作，孟德尔发现了生物遗传的基本规律，并得到了相应的数学关系式，即“分离定律”和“自由组合定律”，人们分别称之为“孟德尔第一定律”和“孟德尔第二定律”，它们揭示了生物遗传奥秘的基本规律。

起初，孟德尔豌豆实验并不是有意为探索遗传规律而进行的。他的初衷是希望获得优良品种，只是在试验的过程中，逐步把重点转向了探索遗传规律。除了豌豆以外，孟德尔还对其他植物作了大量的类似研究，其中包括玉米、紫罗兰和紫茉莉等，以期证明他发现的遗传规律对大多数植物都是适用的。

从生物的整体形式和行为中很难观察并发现遗传规律，而从个别性状中却容易观察，这也是科学界长期困惑的原因。孟德尔不仅考察生物的整体，更着眼于生物的个别性状，这是他与前辈生物学家的重要区别之一。孟德尔选择的实验材料也是非常科学的。因为豌豆属于具有稳定品种的自花授粉植物，容易栽种，容易逐一分离

计数，这对于他发现遗传规律提供了有利的条件。

孟德尔清楚自己的发现所具有的划时代意义，但他还是慎重地重复实验了多年，以期臻于完善。1865年，孟德尔在布鲁恩科学协会的会议厅，将自己的研究成果分两次宣读。可是，孟德尔的思维和实验太超前了。尽管与会者绝大多数是布鲁恩自然科学协会的会员，然而，听众对连篇累续的数字和繁复枯燥的论证毫无兴趣。孟德尔用心血浇灌的豌豆所告诉他的秘密，时人不能与之共识，一直被埋没了35年之久!

孟德尔晚年曾经充满信心地对他的好友，布鲁恩高等技术学院大地测量学教授尼耶塞尔说："看吧，我的时代来到了。"这句话成为了伟大的预言。孟德尔逝世16年后，豌豆实验论文正式出版34年后，他从事豌豆试验43年后，预言才变成现实。

1900年，荷兰植物学家德弗里斯、德国植物学家科伦斯和奥地利植物学家切尔马克，在各自独立地总结了近年来自己所做的植物杂交实验的成果之后，几乎同时发现了杂交的遗传规律。当他们分别准备要发表研究论文时，却在查阅过去的文献时，意外地看到了孟德尔的论文。他们发觉自己的实验成果竟然与35年前孟德尔的杂交实验结果相吻合，他们发现的遗传规律也就是孟德尔在论文《植物杂交实验》中概括的两条遗传学定律——"分离定律"和"自由组合定律"。于是，他们认为遗传规律早在1865年就已被孟德尔发现了，他们的工作只不过证实了孟德尔规律的科学价值。在科学史上，这个戏剧性的事件被人们称之为"孟德尔定律的重新发现"。

孟德尔定律重新发现后，人们将孟德尔的结论概括为三条定律，即显性定律、分离定律和自由组合定律。因显性定律在孟德尔之前已有人发现，故科学界公认后两条定律是孟德尔发现的。1901年，孟德尔的两篇论文《植物杂交实验》及《人工授粉得到的山柳菊属的杂种》重新以德文发表。当年，英国生物学家贝特森将之译成英文，并向英国生物学界传播孟德尔的学说。1906年，贝特森第一次提出了“遗传学”一词，以称呼这一研究生物遗传问题的新学科。孟德尔所说的“因子”纯粹是从杂交实验中推导出来的遗传单位。这种单位在孟德尔还是一种“看不见，摸不着”的假定，然而，这绝不是随心所欲的虚构，而是对大量实验材料所做的科学抽象，是对实际的深刻的反映。1909年，荷兰遗传学家约翰逊提出用“基因”这个术语代替孟德尔的遗传“因子”，从此，“基因”概念便一直为生物学界所采用。

孟德尔遗传定律第一次用数学方法定量地把生物遗传的规律表示出来，在生物学发展史上有着重大的历史意义。自孟德尔定律重新发现后，孟德尔被科学界公认为实验遗传学的创始人。从1900年起，遗传与变异知识作为一门新的独立的遗传学正式诞生了。

1884年6月6日，孟德尔死于慢性肾脏疾病。今天，通过摩尔根、艾弗里、赫尔希和沃森等数代科学家的研究，已经使生物遗传机制——这个使孟德尔魂牵梦绕的问题建立在遗传物质DNA的基础之上。

随着科学家破译了遗传密码，人们对遗传机制有了更深刻的认识。现在，人们已经开始向控制遗传机制、防治遗传疾病、合成生命等更大的造福于人类的工作方向前进。然而，所有这一切都与圣托马斯修道院那个献身于科学的修道士的名字相连。

孟德尔定律重新发现或许是科学界的一个遗憾，反映的却是科学发展的艰难历程。在科学的路途上，我们要有“被埋没”的精神准备，但历史会证明我们的不朽发现。正是这种自信，足以支撑伟大的科学家为了科学而舍弃一切。

31 胰岛素的发现

早在1898年，奥斯加·缅科夫斯基和胡恩·梅林这两位生理学家就发现，把狗的胰腺切除，狗就会得糖尿病，但他们没有再进一步思考为什么会如此。从那以后，许多科学家都想到，胰腺里含有一种维持血糖浓度正常的物质，并都想把这种物质从胰腺里提出来。他们把胰腺捣碎，然后进行抽提。但是一切尝试都失败了。原来，胰腺里含有大量的蛋白水解酶，它们能够分解蛋白质。胰岛素是一种蛋白质，因此在抽提过程中就被胰酶破坏了，无法得到胰岛素。

正在提取胰岛素的F.G.班廷

班廷原来是加拿大的一位外科医生。童年时他的一位女朋友因患糖尿病而死去，使他对糖尿病有很深的感受，以后一直试图找到医治糖尿病的方法。1920年，他偶然在一本外科杂志上看到一篇文章，报导结扎胰导管可以使分泌胰酶的细胞萎缩，而胰岛细胞却不受影响。这篇文章给了班廷很大启发，他在笔记本上写道："结扎狗的胰导管。等候6到8个星期使胰腺萎缩。然后切下胰腺进行抽提。"他决心大胆尝试。当时加拿大只有多伦多大学的生理系有条件做这样的实验。于是他两次到那里，向生理系的著名教授求助，请求允许他在那里做这个实验。但是两次都

被拒之门外。一直到第三次，约翰·麦克里奥德教授才勉强同意给他几只狗，允许他在暑假期间借用一间简陋的实验室工作八个星期。班廷本人缺乏化学方面的训练，于是这位教授为班廷配备了一位助手——即将毕业的医学院学生拜斯特。然后教授本人就到苏格兰度假去了。1921年5月17日，29岁的班廷和22岁的拜斯特开始工作。他们一直奋战了两个多月。7月30日午夜，他们给一只患糖尿病的狗注射了5毫升从狗的胰腺里提取出来的宝贵的胰腺抽提液，奇迹出现了——这只狗过高的血糖浓度迅速下降，一项伟大的发现完成了。班廷由于这一贡献获得了一半诺贝尔奖金，另一半由那位教授获得。但是做出重要贡献的拜斯特却被排除在外，不能不令人感到遗憾。1922年，胰岛素已经在临床上应用。1926年，纯化的胰岛素已经能做成结晶。从1945年到1955年，英国的桑格又经过十年不懈的努力，终于搞清楚了胰岛素的全部化学结构，这样就为胰岛素的人工合成以及胰岛素分子结构与功能关系的研究奠定了基础。桑格也由于他的这项贡献获得了诺贝尔奖金。

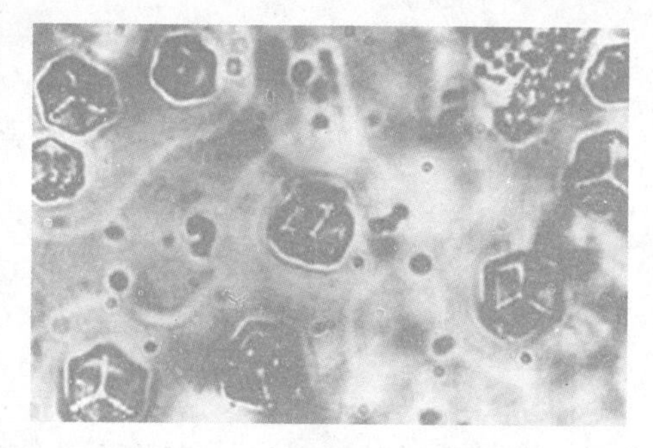

胰岛素

胰腺素的首发权本来应属于奥斯加·缅科夫斯基和胡恩·梅林，但他们“浅尝辄止”。这并不是说他们没有功劳，如果没有他们的研究成果，就没有班廷和约翰的发现，后者的伟大只在于他们很好地借鉴了前人的成果。胰岛素的发现，是20世纪生物医学界的一项重大发现，它对挽救成百万糖尿病人做出了巨大的贡献。

胰岛素的发现并不是一蹴而就的，走过的是一段曲折的路程。在科学发展的历史上，任何一点“蛛丝马迹”都应引起我们的高度重视，稍有疏忽，“成功”就可能从我们的指缝间悄然溜走。

后 记
Postscript

本书在编辑过程中，参阅了不少当代著述与期刊，撷取了很多珍贵的精神食粮，为读者打开了一片晴空，作者那充满智慧的文字定会在与读者的心灵碰撞中迸发闪光。

由于各种原因，未能及时与本书有些作品的作者、编者取得联系。本着对书稿质量的追求，又不忍将美文割爱，故冒昧地将文章选录书中。鉴于此，还请作者诸君谅解为盼，并请作者及时与编者联系，支取为您留备的稿酬。谢谢！

编 者